全国高级技工学校电气自动化设备安装与维修专业教材

QUANGUO GAOJI JIGONG XUEXIAO DIANQI ZIDONGHUA SHEBEI ANZHUANG YU WEIXIU ZHUANYE JIAOCAI

PLC 应用技术（西门子 下册）

（第二版）

林尔付 主 编

中国劳动社会保障出版社

简 介

本书主要内容包括功能指令应用和 PLC 综合应用技术。

本书由林尔付任主编，刘立、刘昕雅任副主编，徐才广、郭文娟、布洪铭、唐志忠、张书、钱毅、丁婕、黎斯思参加编写，周照君任主审。

图书在版编目（CIP）数据

PLC 应用技术．西门子 下册 / 林尔付主编．--2 版．
北京：中国劳动社会保障出版社，2024．--（全国高级
技工学校电气自动化设备安装与维修专业教材）．
ISBN 978－7－5167－6552－4

Ⅰ．TM571.6

中国国家版本馆 CIP 数据核字第 2024C617V8 号

中国劳动社会保障出版社出版发行

（北京市惠新东街 1 号　邮政编码：100029）

*

北京市科星印刷有限责任公司印刷装订　　新华书店经销

787 毫米×1092 毫米　16 开本　12.75 印张　281 千字
2024 年 9 月第 2 版　　2024 年 9 月第 1 次印刷
定价：28.00 元

营销中心电话：400－606－6496
出版社网址：http://www.class.com.cn
http://jg.class.com.cn

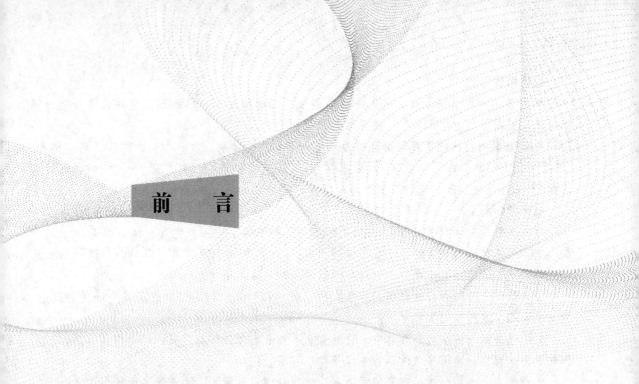

前　言

为了更好地适应高级技工学校电气自动化设备安装与维修专业的教学要求，全面提升教学质量，人力资源社会保障部教材办公室组织有关学校的一线教师和行业、企业专家，在充分调研企业生产和学校教学情况、广泛听取教师使用反馈意见的基础上，吸收和借鉴各地技工院校教学改革的成功经验，对现有全国高级技工学校电气自动化设备安装与维修专业教材进行了修订（新编）。

本次教材修订（新编）工作的重点主要体现在以下几个方面。

更新教材内容

◆ 根据企业岗位需求变化和教学实践，针对培养高级工的教学要求，确定学生应具备的知识与能力结构，调整部分教材内容，增补开发教材，合理设计教材的深度、难度、广度，充分满足技能人才培养的实际需求。

◆ 根据相关专业领域的最新技术发展，推陈出新，补充新知识、新技术、新设备、新材料等方面的内容，更新设备型号及软件版本。

◆ 根据最新的国家标准、行业标准编写教材，保证教材的科学性和规范性。

◆ 在专业课教材中进一步强化一体化教学理念，将工艺知识与实践操作有机融为一体，构建"做中学""学中做"的学习过程；在通用专业知识教材中注重课堂实验和实践活动的设计，将抽象的理论知识形象化、生动化，引导教师不断创新教学方法，实现教学改革。

优化呈现形式

◆ 创新教材的呈现形式，尽可能使用图片、实物照片和表格等形式将知识点生动地展示出来，提高学生的学习兴趣，提升教学效果。

◆ 部分教材将传统黑白印刷升级为双色印刷和彩色印刷，提升学生的阅读体验。例如，《工程识图与 AutoCAD （第二版）》采用双色印刷，《安全用电（第二版）》《机械常识（第二版)》采用彩色印刷，使内容更加清晰明了，符合学生的认知习惯。

提升教学服务

为方便教师教学和学生学习，在原有教学资源基础上进一步完善，结合信息技术的发展，充分利用技工教育网这一平台，构建"1＋4"的教学资源体系，即 1 个习题册和二维码资源、电子教案、电子课件、习题参考答案 4 种互联网资源。

习题册——除配合教材内容对现有习题册进行修订外，还为多种教材补充开发习题册，进一步满足学校教学的实际需求。

二维码资源——在部分教材中，针对重点、难点内容制作微视频，针对拓展学习内容制作电子阅读材料，使用移动设备扫描即可在线观看、阅读。

电子教案——结合教材内容编写教案，体现教学设计意图，为教师备课提供参考。

电子课件——依据教材内容制作电子课件，为教师教学提供帮助。

习题参考答案——提供教材中习题及配套习题册的参考答案，为教师指导学生练习提供方便。

电子教案、电子课件、习题参考答案均可通过技工教育网（http://jg. class. com. cn）下载使用。

目 录

功能指令应用

任务1　抢答器 PLC 控制

学习目标

1. 了解功能指令的表示形式和使用要素。
2. 掌握传送指令的功能、表示形式和使用方法。
3. 了解 LED 数码管，掌握段码指令的功能、表示形式和使用方法。
4. 能使用传送指令和段码指令设计抢答器 PLC 控制程序。

任务引入

在各种知识竞赛中常用到抢答器，它为知识竞赛增添了刺激性和娱乐性，在一定程度上丰富了人们的业余生活。实现抢答器功能的方式有多种，可以采用早期的模拟电路、数字电路或模数混合电路，也可以使用 PLC 控制电路。使用 PLC 控制知识竞赛抢答器有方便、灵活的优点，只要改变 PLC 的控制程序，便可改变知识竞赛抢答器的抢答方式。图 1-1-1 所示为四组知识竞赛抢答器示意图。

本任务要求应用 PLC 功能指令中的传送指令和段码指令设计知识竞赛抢答器 PLC 控制系统，并完成安装和调试。任务要求如下：

1. 知识竞赛抢答器设有一个主持人总台和四个参赛队分台，总台设置有一个复位按钮 SB0、一个蜂鸣器 HA 以及一个七段数码管。分台设有四个抢答按钮 SB1、SB2、SB3 和 SB4。

2. 参赛人员按下四个抢答按钮 SB1、SB2、SB3 和 SB4 中的任意一个后，七段数码管能及时显示该分台的编号（1、2、3、4）并且蜂鸣器鸣叫（鸣叫 3 s 后停止），同时锁住抢答器，使其他分台按钮无效，直至主持人按下复位按钮 SB0 后才能进行下一轮抢答。

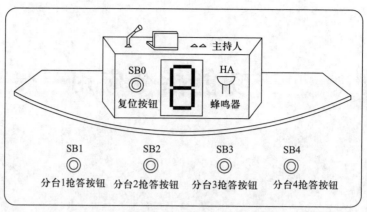

图 1-1-1　四组知识竞赛抢答器示意图

3. 具有短路保护等必要的保护措施。

本任务要求的四组知识竞赛抢答器的控制程序，可以使用基本指令编写，但是程序会比较烦琐。针对这些有特殊控制要求的应用场景，各品牌 PLC 制造商都提供了丰富的功能指令。这些功能指令不仅增加了 PLC 编程的灵活性，也极大地拓宽了 PLC 的应用范围。

分析任务要求可知，输入设备为一个复位按钮 SB0 和四个抢答按钮 SB1、SB2、SB3、SB4，输出设备为七段数码管和蜂鸣器。七段数码管的每一段都应分配一个输出端子，通过设计程序进行驱动。各分台抢答按钮之间应采用软件联锁，以保证在某分台抢答按钮按下后，其他分台即使按下抢答按钮也无效。复位按钮不仅要将抢答器复位，同时也应将七段数码管复位。本任务可以使用 PLC 功能指令中的传送指令和段码指令设计梯形图程序。由于传送指令和段码指令都属于数据处理类指令，因此在使用时要注意 PLC 程序中的数据类型。

实施本任务所使用的实训设备见表 1-1-1。

表 1-1-1　　　　　　　　　　　　　　　　实训设备清单

序号	设备名称	型号及规格	数量	单位	备注
1	微型计算机	装有 STEP 7 – Micro/WIN SMART 软件	1	台	
2	编程电缆	以太网电缆或 USB – PPI 电缆	1	条	
3	可编程序控制器	S7 – 200 SMART CPU SR60	1	台	配 C45 导轨
4	开关式稳压电源	S – 150 – 24，AC 220 V/DC 24 V，150 W	1	台	
5	低压断路器	Multi9 C65N C20，单极	2	个	
6	按钮	LA19	5	个	
7	数码管	共阴极，10106 AH	1	个	1 in，红光
8	碳膜电阻	1.3 kΩ，0.25 W	7	个	
9	蜂鸣器	XB2BSB4LC，DC 24 V	1	个	带红色 LED 指示灯
10	接线端子排	TB – 1520，20 位	1	条	
11	配电盘	600 mm ×900 mm	1	块	

相关知识

　　功能指令又称为应用指令，是指在完成基本逻辑控制、定时/计数控制、顺序控制的基础上，PLC 制造商为满足用户不断提出的一些特殊控制要求而开发的指令，如数据处理类指令、数学运算类指令、程序控制类指令等。这些功能指令的出现，极大地拓宽了 PLC 的应用范围，增加了 PLC 编程的灵活性。功能指令的丰富程度及其使用的方便程度是衡量 PLC 性能的一个重要指标。

一、功能指令的表示形式及使用要素

　　和基本指令类似，功能指令具有梯形图及语句表等表示形式。功能指令主要表示指令要完成的功能，而不含表达梯形图符号间相互关系的成分，因此功能指令的梯形图符号多为方框。由于数据处理、数学运算等远比逻辑处理复杂，所以功能指令涉及的 PLC 内部软元件种类及数据量都比较多。

　　数据处理类指令包括传送指令、比较指令、移位指令、转换指令、表格指令、时钟指令等。其中，传送指令是应用最多的一种功能指令，用来完成各存储器单元之间的数据传送。现以表 1 - 1 - 2 所示的以字节、字、双字或实数为单位的单个数据传送指令（简称传送指令）为例，介绍功能指令的表示形式及使用要素。

表 1 - 1 - 2　　　　　　传送指令的梯形图、语句表、操作数及数据类型

指令名称	梯形图	语句表	操作数及数据类型
字节传送指令（MOVB 指令）	MOV_B EN　ENO IN　OUT	MOVB IN, OUT	IN：IB、QB、VB、MB、SB、SMB、LB、AC、*VD、*LD、*AC、常数 OUT：IB、QB、VB、MB、SB、SMB、LB、AC、*VD、*LD、*AC 数据类型：字节
字传送指令（MOVW 指令）	MOV_W EN　ENO IN　OUT	MOVW IN, OUT	IN：IW、QW、VW、MW、SW、SMW、T、C、LW、AC、AIW、*VD、*LD、*AC、常数 OUT：IW、QW、VW、MW、SW、SMW、T、C、LW、AC、AQW、*VD、*LD、*AC 数据类型：字
双字传送指令（MOVD 指令）	MOV_DW EN　ENO IN　OUT	MOVD IN, OUT	IN：ID、QD、VD、MD、SD、SMD、LD、HC、&IB、&VB、&QB、&MB、&SMB、&SB、&T、&C、&AIW、&AQW、AC、*VD、*LD、*AC、常数 OUT：ID、QD、VD、MD、SD、SMD、LD、AC、*VD、*LD、*AC 数据类型：双字
实数传送指令（MOVR 指令）	MOV_R EN　ENO IN　OUT	MOVR IN, OUT	IN：ID、QD、VD、MD、SD、SMD、LD、AC、*VD、*LD、*AC、常数 OUT：ID、QD、VD、MD、SD、SMD、LD、AC、*VD、*LD、*AC 数据类型：实数

1. 方框及指令的标题

方框顶部标有该功能指令的标题，如表 1 – 1 – 2 中的 MOV_B 表示字节传送指令。标题一般由两部分组成，前一部分为功能指令的助记符，多为英文缩写词，如字节传送指令中的"MOV"为"MOVE"的缩写词；后一部分为参与运算的数据类型，如字节传送指令中的"B"表示字节。此外，"W"表示字、"DW"表示双字、"I"表示整数、"DI"表示双整数、"R"表示实数。

2. 语句表达式

语句表达式一般分为操作码和操作数两个部分，操作码表示功能指令的功能，操作数为参加运算的数据地址或数据，也有无操作数的功能指令语句。操作码用助记符表示，一般和方框中功能指令标题相同，如字节传送指令使用"MOVB"表示字节传送。但也有些功能指令的助记符和方框中的功能指令标题不同。

3. 操作数的分类

操作数是功能指令涉及或产生的数据。方框及语句中用"IN"和"OUT"标示的即为操作数。操作数分为源操作数、目标操作数和其他操作数。源操作数是功能指令执行后不改变其内容的操作数。目标操作数是功能指令执行后改变其内容的操作数。就梯形图符号而言，方框左边的操作数通常是源操作数，方框右边的操作数为目标操作数。有时源操作数及目标操作数也可使用同一存储单元。其他操作数用来对源操作数和目标操作数做补充说明。

4. 操作数的范围及数据类型

操作数的范围及数据类型必须和功能指令相匹配。S7 – 200 SMART 系列 PLC 功能指令的操作数有 I、Q、V、M、SM、S、L、AC 等，数据类型有字节、字、双字等多种，需认真选用。表 1 – 1 – 2 对操作数 IN、OUT 的取值给出了范围及数据类型，其中"＊"为变址标记。此外，常数也可作为操作数。表示常数时，要符合常数的书写格式。在一条功能指令中，源操作数、目标操作数和其他操作数都可能不止一个，也可能一个都没有。

5. 执行条件及执行形式

方框中以"EN"表示的输入为功能指令执行的条件。在梯形图中，"EN"连接的为编程元件触点的组合。从能流的角度出发，当触点组合满足能流达到方框的条件时，该方框所表示的功能指令就得以执行。当方框"EN"前的执行条件成立时，该功能指令在每个扫描周期都会被执行一次，这种执行方式称为连续执行。而在很多场合，某些功能指令只需要被执行一次，即只在一个扫描周期中有效，这时可以用脉冲作为执行条件，这种执行方式称为脉冲执行。有些功能指令采用连续执行和脉冲执行的结果相同，但有些功能指令的执行结果会大不相同。因此，在编程时必须为方框设定合适的执行条件。

6. 执行结果对特殊标志位的影响

为了方便用户更好地了解 PLC 内部运行的情况，并为控制及故障自诊断提供方便，PLC 中设立了许多特殊标志位，如零标志位 SM1.0、溢出标志位 SM1.1、负数标志位 SM1.2 等，具体情况可在功能指令说明中查阅。

S7 - 200 SMART 支持梯形图（LAD）、语句表（STL）和功能块图（FBD）语言。使用 STEP 7 - Micro/WIN SMART 编辑 LAD、STL 和 FBD 时，必须遵守具体的指令规约，否则无法正确完成编辑。扫描右侧二维码，可了解 STEP 7 - Micro/WIN SMART 编程的规约。

二、传送指令

传送指令能一次完成一个字节、字或双字的传送，其梯形图和语句表见表1-1-2。传送指令的操作功能是当使能输入端 EN 有效时，把输入端 IN 的源操作数（常数或存储单元中的数据）送到新存储器单元 OUT，而不会更改源存储单元中存储的值。

传送指令的数据类型可以为字节、字、双字和实数。

传送指令的操作数的寻址范围要与指令助记符中的数据长度一致。其中，使用字节传送指令进行字节传送时不能寻址专用的字和双字存储器，如 T、C、HC 等。使用双字传送指令可创建指针。传送指令中，OUT 不能寻址常数。

【例1-1-1】　如图1-1-2所示，将十进制常数88传送到VB0中，则字节VB0中的数据为88。若将输出VB0改成VW0，则程序出错，因为字节传送指令的操作数不能为字。

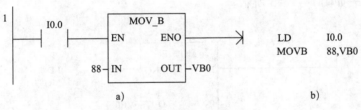

图1-1-2　字节传送程序示例

a）梯形图　b）语句表

【例1-1-2】　如图1-1-3所示，将十进制常数88传送到VW0中，则字节VB0中的数据为0，字节VB1中的数据为常数88。若将输出VW0改成VB0，则程序出错，因为字传送指令的操作数不能为字节。

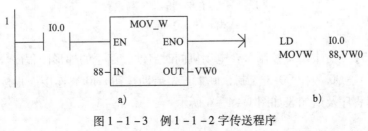

图1-1-3　例1-1-2字传送程序

a）梯形图　b）语句表

【例1-1-3】 如图1-1-4所示，将十六进制数16#E071传送到QW0中，则字节QB0中的数据为2#1110 0000，字节QB1中的数据为2#0111 0001。若将输出QW0改成QB0，则程序出错，因为字传送指令的操作数不能为字节。

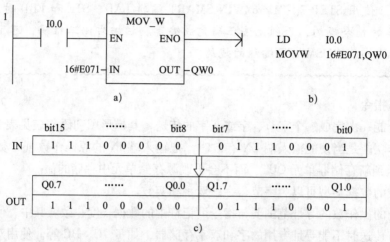

图1-1-4 例1-1-3字传送程序

a）梯形图 b）语句表 c）指令功能图

【例1-1-4】 存储器初始化程序用于PLC开机运行时对某些存储器进行清零或设置，常使用传送指令来实现。若PLC开机运行时将VB0清零，将VW20设置为200，则对应的梯形图程序及语句表如图1-1-5所示。

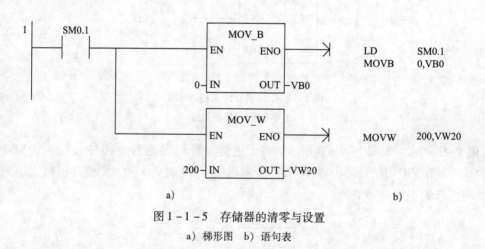

图1-1-5 存储器的清零与设置

a）梯形图 b）语句表

【例1-1-5】 设计PLC控制多台电动机同时启动、停止的梯形图程序。四台电动机分别由Q0.0、Q0.1、Q0.2和Q0.3控制，I0.1连接启动按钮，I0.2连接停止按钮。用传送指令设计的梯形图程序及语句表如图1-1-6所示。

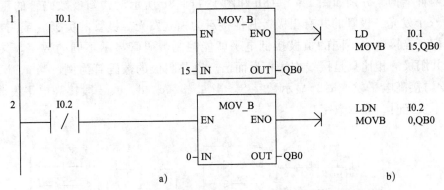

图 1-1-6　多台电动机同时启动、停止控制梯形图和语句表

a）梯形图　b）语句表

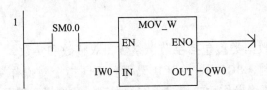

PLC 硬件安装完毕后，要检测所有的输入、输出设备，如果用一个输入继电器控制一个输出继电器的方法，则需要编写一大段程序。学会功能指令后，一条传送指令就可以解决问题，梯形图如图 1-1-7 所示。

图 1-1-7　用传送指令检测所有的输入、输出设备

除了单个数据传送指令，传送指令还包括以字节、字、双字为单位的块传送指令，交换字节指令以及字节立即传送（读取和写入）指令。扫描右侧二维码，可了解块传送指令、交换字节指令及字节立即传送指令的功能、表示形式和使用方法。

三、LED 数码管和段码指令

1. LED 数码管

LED 数码管（简称数码管）是由多个发光二极管封装在一起组成的"8"字型的显示器件，外形如图 1-1-8a 所示，引线已在内部连接完成，只需引出它们的各个笔画和公共电极。数码管可分为七段数码管和八段数码管，区别在于八段数码管比七段数码管多一个用于显示小数点的发光二极管，这八段分别用字母 a、b、c、d、e、f、g、dp 表示。数码管用以显示十进制 0~9 的数字和小数点，也可以显示英文字母，包括十六进制中的英文 A~F（b、d 为小写，其他为大写）。现在大部分的数码管以斜体显示。数码管分为共阳极

和共阴极两种结构，分别如图 1 - 1 - 8b 和图 1 - 1 - 8c 所示。共阳极数码管的正极（或阳极）为八个发光二极管的共有正极，其他接点为独立发光二极管的负极（或阴极），使用时只需把正极接电，不同的负极接低电平就能控制数码管显示不同的数字。共阴极的数码管与共阳极的相比只是接线方法相反而已。以共阴极的数码管为例，当 a、b、c、d、e、f、g 段均接高电平发光时，显示数字 8。当 a、b、c、d、e、f 段接高电平发光，g 段接低电平不发光时，显示数字 0。

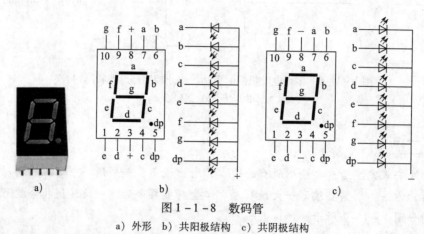

图 1 - 1 - 8 数码管

a）外形 b）共阳极结构 c）共阴极结构

2. 段码指令

西门子 PLC 的主要数据类型包括字节、整数、双整数和实数，主要数制有二进制、八进制、十进制、十六进制、BCD 码、ASCII 码等。不同指令对操作数的类型要求不同，因此，在使用指令之前需要将操作数转化成相应的类型，转换指令就可以完成这样的功能。

转换指令包括标准转换指令、ASCII 字符数组转换指令、ASCII 字符串转换指令、编码/解码指令、量程变换指令等。其中，标准转换指令包含数据类型转换指令（字节与字整数之间的转换指令、字整数与双字整数之间的转换指令、双字整数与实数之间的转换指令、双精度浮点到实数的转换指令）、BCD 码转换指令和段码指令（SEG 指令）。段码指令的梯形图、语句表、操作数及数据类型见表 1 - 1 - 3。

表 1 - 1 - 3　　　　　　　　段码指令的梯形图、语句表、操作数及数据类型

指令名称	梯形图	语句表	操作数及数据类型
段码指令	SEG EN　ENO IN　OUT	SEG IN, OUT	IN：IB、QB、VB、MB、SMB、SB、LB、AC、*VD、*LD、*AC、常数 IN 数据类型：字节 OUT：IB、QB、VB、MB、SMB、SB、LB、AC、*VD、*LD、*AC OUT 数据类型：字节

段码指令的功能是将输入（IN）中指定的字符（字节）低 4 位确定的十六进制数（16#0 ~ F）转换成点亮七段数码管各段的代码，并送到输出（OUT）指定的变量中。

共阴极七段数码管的 a、b、c、d、e、f、g 段分别对应于输出字节的 bit0 ~ bit6，输出字

节的某位为 1 时，其对应的段点亮；输出字节的某位为 0 时，其对应的段熄灭。将输出字节的 bit7 补 0，则构成与共阴极七段数码管相对应的 8 位编码，称为七段显示码。数字 0 ~ 9、字母 A ~ F 与七段显示码的对应关系见表 1 - 1 - 4。

表 1 - 1 - 4 七段显示器的编码

输入（IN）	共阴极七段数码管	输出（OUT）									七段码显示
		–	g	f	e	d	c	b	a	编码	
00		0	0	1	1	1	1	1	1	16#3F	0
01		0	0	0	0	0	1	1	0	16#06	1
02		0	1	0	1	1	0	1	1	16#5B	2
03		0	1	0	0	1	1	1	1	16#4F	3
04		0	1	1	0	0	1	1	0	16#66	4
05		0	1	1	0	1	1	0	1	16#6D	5
06		0	1	1	1	1	1	0	1	16#7D	6
07		0	0	0	0	0	1	1	1	16#07	7
08		0	1	1	1	1	1	1	1	16#7F	8
09		0	1	1	0	0	1	1	1	16#67	9
0A		0	1	1	1	0	1	1	1	16#77	A
0B		0	1	1	1	1	1	0	0	16#7C	b
0C		0	0	1	1	1	0	0	1	16#39	C
0D		0	1	0	1	1	1	1	0	16#5E	d
0E		0	1	1	1	1	0	0	1	16#79	E
0F		0	1	1	1	0	0	0	1	16#71	F

【例 1 - 1 - 6】 段码指令的应用如图 1 - 1 - 9 所示。当 I0.0 接通时，执行段码指令，QB0 中的值为 16#7D（2#0111 1101）。当 I0.1 接通时，执行传送指令和段码指令，VB0 中的值为 16#01（2#0000 0001），QB1 中的值为 16#06（2#0000 0110）。

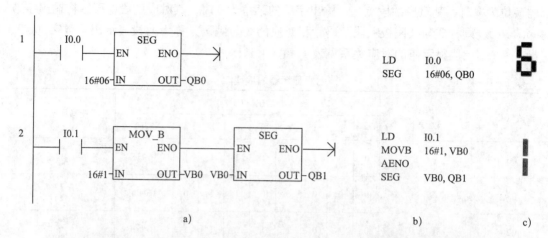

图 1 - 1 - 9　段码指令的应用
a）梯形图　b）语句表　c）七段数码管显示　d）状态图表监控

解码/编码指令属于转换指令。解码指令可用于变频器多速控制等。编码指令可用于位置显示等，如电梯的楼层显示。扫描右侧二维码，可了解解码/编码指令的功能、表示形式及使用方法。

任务实施

一、分配 I/O 地址

I/O 地址分配见表 1 - 1 - 5。

表 1 - 1 - 5　　　　　　　　　　I/O 地址分配表

输入		输出	
输入设备	输入继电器	输出设备	输出继电器
复位按钮 SB0	I0. 0	七段数码管 a 段	Q0. 0
分台 1 抢答按钮 SB1	I0. 1	七段数码管 b 段	Q0. 1

续表

输入		输出	
输入设备	输入继电器	输出设备	输出继电器
分台 2 抢答按钮 SB2	I0.2	七段数码管 c 段	Q0.2
分台 3 抢答按钮 SB3	I0.3	七段数码管 d 段	Q0.3
分台 4 抢答按钮 SB4	I0.4	七段数码管 e 段	Q0.4
		七段数码管 f 段	Q0.5
		七段数码管 g 段	Q0.6
		蜂鸣器 HA	Q1.0

二、绘制并安装 PLC 控制线路

抢答器 PLC 控制线路原理图如图 1-1-10 所示，PLC 控制线路接线图请读者自行绘制。安装接线时，七段数码管和蜂鸣器暂时不接到 PLC 输出端，待模拟调试完成后再连接。

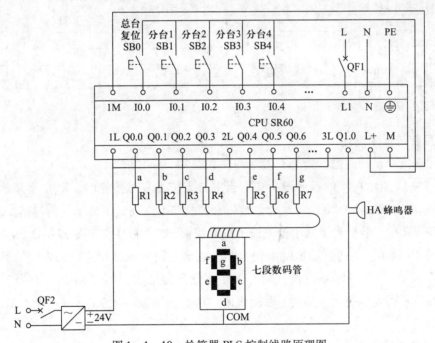

图 1-1-10 抢答器 PLC 控制线路原理图

注意

七段数码管共阴极接法就是把 a、b、c、d、e、f、g 段七个发光二极管的负极连接在一起并接地，它们的七个正极通过限流电阻接到 PLC 对应的输出端子上。限流电阻的选取方法是：电源电压减去发光二极管的工作电压，再除以发光二极管的工作电流，得到的即为限流电阻的阻值。本任务中电源电压取 DC 24 V，发光二极管的额定电压为 1.8 V，工作电流为 15～20 mA（电流偏小，数码管不太亮；电流偏大，长时间工作的数码管易烧坏）。由此可知，限流电阻的阻值范围为 1.11～1.48 kΩ，本任务选用 1.3 kΩ/0.25 W 的碳膜电阻即可。对于大功率七段数码管，可根据实际情况选取限流电阻阻值及电阻的额定功率。

三、设计梯形图程序

编辑符号表，如图 1－1－11 所示。

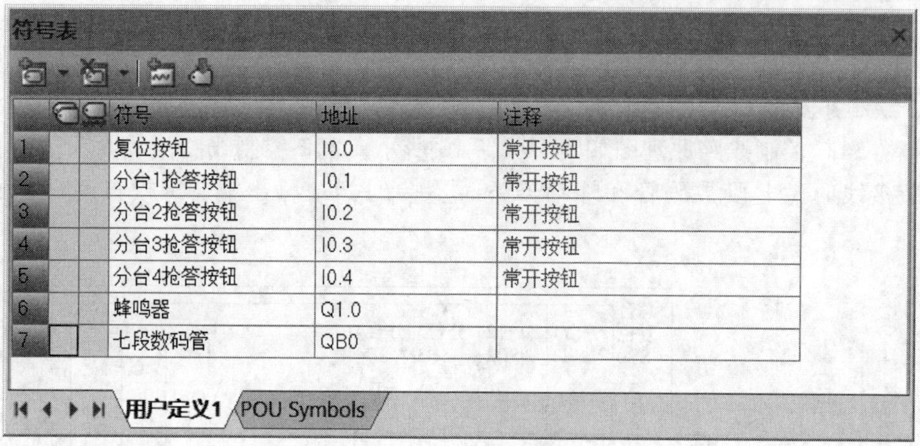

符号表

	符号	地址	注释
1	复位按钮	I0.0	常开按钮
2	分台1抢答按钮	I0.1	常开按钮
3	分台2抢答按钮	I0.2	常开按钮
4	分台3抢答按钮	I0.3	常开按钮
5	分台4抢答按钮	I0.4	常开按钮
6	蜂鸣器	Q1.0	
7	七段数码管	QB0	

用户定义1　POU Symbols

图 1－1－11　符号表

1. 使用传送指令设计

使用传送指令设计的抢答器 PLC 控制程序如图 1－1－12 所示。

图 1－1－12 所示程序的程序段 1 中，当主持人按下复位按钮时，I0.0 常开触点接通，M0.0 复位，输出继电器 QB0 清零，七段数码管各段都不点亮，不显示任何数据，表示竞赛开始。程序段 2 中，若分台 1 选手抢先按下抢答按钮 SB1，I0.1 常开触点接通，将“1”的七段显示码“16#06”传送到输出继电器 QB0，驱动七段数码管相应段的发光二极管点亮，七段数码管显示“1”，M0.0 置位。同时，其他分台传送数据到 QB0 的支路断开，因此，QB0 中的数据不再发生变化，起到了联锁作用。其他分台选手抢答的程序与此类似，只是传送的编码不同。

2. 使用段码指令设计

图 1－1－12 所示的程序中，需要先计算出要显示的数字对应的七段显示码，再传送给输出继电器，控制七段数码管显示数字，比较烦琐。可以使用段码指令自动将待显示的数字译为对应的七段显示码，再通过输出继电器控制七段数码管显示数字。使用段码指令设计的抢答器 PLC 控制程序如图 1－1－13 所示。

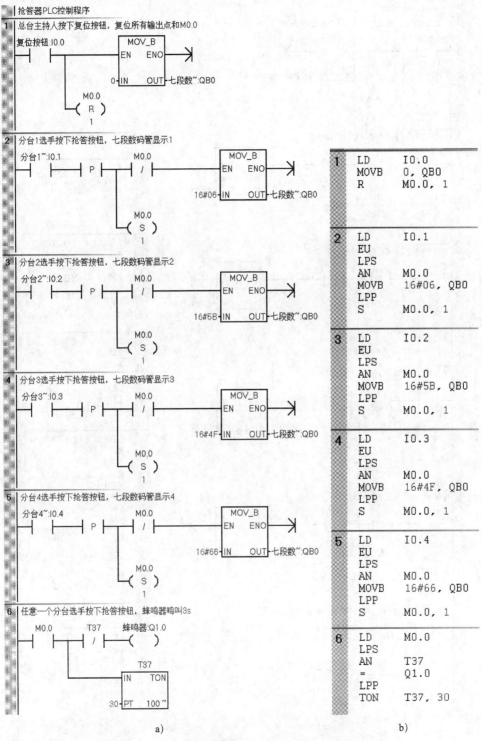

图 1-1-12 使用传送指令的抢答器 PLC 控制程序

a) 梯形图 b) 语句表

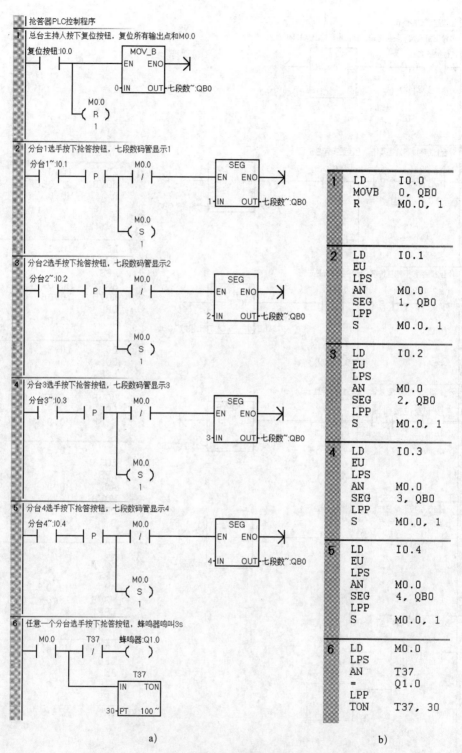

图 1-1-13 使用段码指令的抢答器 PLC 控制程序
a）梯形图 b）语句表

 想一想

如何应用段码指令设计一个九人智力竞赛的抢答器？

四、模拟调试

按照 PLC 用户程序模拟调试的方法，利用程序状态监控或状态图表监控对任务程序进行模拟调试。

五、联机调试

模拟调试成功后，接上实际的负载，按照表 1－1－6 的步骤进行联机调试，同时注意观察和记录。

表 1－1－6　　　　　　　　　　　　联机调试记录表

步骤	操作内容	观察内容	观察结果
1	合上电源开关 QF1 和 QF2	以太网状态指示灯、CPU 状态指示灯和 I/O 状态指示灯的状态	
2	通过编程软件，将 PLC 置于 RUN 模式		
3	按下复位按钮 SB0	I/O 状态指示灯的状态及七段数码管和蜂鸣器 HA 工作情况	
4	按下分台 1 抢答按钮 SB1		
5	按下其他分台抢答按钮 SB2、SB3 或 SB4		
6	按下复位按钮 SB0		
7	按下分台 2 抢答按钮 SB2		
8	按下其他分台抢答按钮 SB1、SB3 或 SB4		
9	按下复位按钮 SB0		
10	按下分台 3 抢答按钮 SB3		
11	按下其他分台抢答按钮 SB1、SB2 或 SB4		
12	按下复位按钮 SB0		
13	按下分台 4 抢答按钮 SB4		
14	按下其他分台抢答按钮 SB1、SB2 或 SB3		
15	按下复位按钮 SB0		
16	通过编程软件，将 PLC 置于 STOP 模式	CPU 状态指示灯和 I/O 状态指示灯的状态	
17	关断电源开关 QF1 和 QF2		

📝 任务测评

清扫工作台面，整理技术文件，按照表 1－1－7 中的要求进行任务测评。

表 1 - 1 - 7　　　　　　　　　　　任务测评表

序号	考核内容	配分	考核要求	评分标准	扣分	得分
1	电路设计	40	根据控制要求正确分配 I/O 地址，绘制 PLC 控制线路图，设计梯形图程序	（1）I/O 地址分配错误或遗漏，每处扣 2 分 （2）线路图绘制有误或画法不规范，每处扣 2 分 （3）梯形图结构不合理，违反编程规则，每处扣 2 分		
2	电路安装	30	按照 PLC 控制线路接线图安装接线，器件布置合理，不损坏元器件，安装牢固，配线符合工艺要求	（1）损坏元器件，每个扣 5 分 （2）元器件布置不整齐匀称、不合理，每个扣 2 分 （3）元器件安装不牢固，漏装木螺钉等，每个扣 2 分 （4）布线不紧固、不美观，每根扣 2 分 （5）反圈、压绝缘皮、损伤导线绝缘或线芯，每根扣 2 分 （6）线号标记遗漏、误标或不清楚，每处扣 1 分 （7）不按 PLC 控制线路接线图接线，每处扣 5 分		
3	通电调试	30	按照要求进行通电调试，并记录指示灯和输出设备的状态	（1）通电调试步骤不正确，每次扣 5 分 （2）运行一次不成功扣 10 分，两次不成功扣 20 分，三次不成功扣 30 分 （3）记录指示灯和输出设备的状态错误，每处扣 1 分		
4	安全与文明生产		遵守国家相关专业安全与文明生产规程	违反安全与文明生产规程，酌情扣分		
开始时间				结束时间		成绩

任务2　密码锁 PLC 控制

学习目标

1. 掌握比较指令的功能、表示形式和使用方法。
2. 掌握递增/递减指令的功能、表示形式和使用方法。
3. 能使用比较指令和递增/递减指令设计密码锁 PLC 控制程序。

任务引入

近年来，随着人们生活水平的不断提高，电子密码锁开始走进千家万户。传统的机械锁不仅安全性能低，而且钥匙容易丢失。而电子密码锁凭借使用灵活、安全系数高等优势，受到了广大用户的青睐。图 1 - 2 - 1 所示为一款常用的门禁密码锁。

图 1 - 2 - 1　简易门禁密码锁示意图

本任务要求使用 PLC 的比较指令和递增指令，设计一个简易的 6 位密码锁控制系统，并完成安装和调试。该密码锁控制系统由 S7 - 200 SMART 系列可编程序控制器、键盘输入单元、密码锁执行单元和报警单元组成。其中，键盘输入单元由十个按钮（SB0 ~ SB9）分别表示数字 0 ~ 9，SB10 为确认键，SB11 为复位键；密码锁执行单元由电磁阀 YV 和机械结构组成；报警单元由蜂鸣器 HA 组成。控制要求如下：

1. 密码锁的 6 位密码预设为 "791026"（对应十个按钮中的数字 7、9、1、0、2、6）；用户按正确顺序输入密码，按确认键后，锁开；用户未按正确顺序输入密码或输入错误密码，按确认键后，锁不开的同时蜂鸣器报警；按复位键可以重新输入密码。

2. 具有短路保护等必要的保护措施。

在程序设计时，要注意必须按正确顺序输入 6 位密码，否则即使输入正确的 6 位密码数字，也不能开锁。当然，输入密码的位数不足 6 位或多于 6 位，也不能开锁。

实施本任务所使用的实训设备可参考表 1 - 2 - 1。

表 1 - 2 - 1　　　　　　　　　　　　　　实训设备清单

序号	设备名称	型号及规格	数量	单位	备注
1	微型计算机	装有 STEP 7 - Micro/WIN SMART 软件	1	台	
2	编程电缆	以太网电缆或 USB - PPI 电缆	1	条	
3	可编程序控制器	S7 - 200 SMART CPU SR60	1	台	配 C45 导轨
4	低压断路器	Multi9 C65N C20，单极	2	个	
5	按钮	LA19	12	个	
6	电磁阀	BS - 1245L - O2，AC 220 V	1	个	
7	蜂鸣器	XB2BSB4LC，AC 220 V	1	个	
8	接线端子排	TB - 1520，20 位	1	条	
9	配电盘	600 mm × 900 mm	1	块	

相关知识

一、比较指令

比较指令包含比较数值指令和比较字符串指令，这里仅介绍比较数值指令（简称比较指令）。比较指令的梯形图、语句表、操作数及数据类型见表1-2-2。

表1-2-2　　　　　　　　　　比较指令的梯形图、语句表、操作数及数据类型

指令名称	梯形图	语句表	操作数及数据类型
字节比较指令	IN1 ⊣ >B ⊢ IN2	LDB > IN1，IN2 AB > IN1，IN2 OB > IN1，IN2	
	IN1 ⊣ >=B ⊢ IN2	LDB > = IN1，IN2 AB > = IN1，IN2 OB > = IN1，IN2	
	IN1 ⊣ ==B ⊢ IN2	LDB = IN1，IN2 AB = IN1，IN2 OB = IN1，IN2	IN1、IN2：IB、QB、MB、SMB、VB、SB、LB、AC、*VD、*AC、*LD、常数 IN1、IN2 数据类型：无符号字节 OUT：I、Q、M、SM、T、C、V、S、L、使能位 OUT 数据类型：位
	IN1 ⊣ <=B ⊢ IN2	LDB < = IN1，IN2 AB < = IN1，IN2 OB < = IN1，IN2	
	IN1 ⊣ <B ⊢ IN2	LDB < IN1，IN2 AB < IN1，IN2 OB < IN1，IN2	
	IN1 ⊣ <>B ⊢ IN2	LDB < > IN1，IN2 AB < > IN1，IN2 OB < > IN1，IN2	
整数比较指令	IN1 ⊣ >I ⊢ IN2	LDW > IN1，IN2 AW > IN1，IN2 OW > IN1，IN2	
	IN1 ⊣ >=I ⊢ IN2	LDW > = IN1，IN2 AW > = IN1，IN2 OW > = IN1，IN2	IN1、IN2：IW、QW、MW、SW、SMW、T、C、VW、LW、AIW、AC、*VD、*LD、*AC、常数 IN1、IN2 数据类型：有符号字整数 OUT：I、Q、M、SM、T、C、V、S、L、使能位 OUT 数据类型：位
	IN1 ⊣ ==I ⊢ IN2	LDW = IN1，IN2 AW = IN1，IN2 OW = IN1，IN2	

指令名称	梯形图	语句表	操作数及数据类型
整数比较指令	IN1 ┤<=I├ IN2	LDW < = IN1，IN2 AW < = IN1，IN2 OW < = IN1，IN2	
	IN1 ┤<I├ IN2	LDW < IN1，IN2 AW < IN1，IN2 OW < IN1，IN2	
	IN1 ┤<>I├ IN2	LDW < > IN1，IN2 AW < > IN1，IN2 OW < > IN1，IN2	
双字整数比较指令	IN1 ┤>D├ IN2	LDD > IN1，IN2 AD > IN1，IN2 OD > IN1，IN2	IN1、IN2：ID、QD、VD、MD、SMD、SD、LD、AC、HC、*VD、*LD、*AC、常数 IN1、IN2 数据类型：有符号双字整数 OUT：I、Q、M、SM、T、C、V、S、L、使能位 OUT 数据类型：位
	IN1 ┤>=D├ IN2	LDD > = IN1，IN2 AD > = IN1，IN2 OD > = IN1，IN2	
	IN1 ┤==D├ IN2	LDD = IN1，IN2 AD = IN1，IN2 OD = IN1，IN2	
	IN1 ┤<=D├ IN2	LDD < IN1，IN2 AD < = IN1，IN2 OD < = IN1，IN2	
	IN1 ┤<D├ IN2	LDD < IN1，IN2 AD < IN1，IN2 OD < IN1，IN2	
	IN1 ┤<>D├ IN2	LDD < > IN1，IN2 AD < > IN1，IN2 OD < > IN1，IN2	
实数比较指令	IN1 ┤>R├ IN2	LDR > IN1，IN2 AR > IN1，IN2 OR > IN1，IN2	IN1、IN2：ID、QD、MD、SD、SMD、VD、LD、AC、*VD、*LD、*AC、常数 IN1、IN2 数据类型：有符号实数 OUT：I、Q、M、SM、T、C、V、S、L、使能位 OUT 数据类型：位
	IN1 ┤>=R├ IN2	LDR > = IN1，IN2 AR > = IN1，IN2 OR > = IN1，IN2	
	IN1 ┤==R├ IN2	LDR = IN1，IN2 AR = IN1，IN2 OR = IN1，IN2	

指令名称	梯形图	语句表	操作数及数据类型
实数比较指令	IN1 —|<=R|— IN2	LDR < = IN1, IN2 AR < = IN1, IN2 OR < = IN1, IN2	
	IN1 —|<R|— IN2	LDR < IN1, IN2 AR < IN1, IN2 OR < IN1, IN2	
	IN1 —|<>R|— IN2	LDR < > IN1, IN2 AR < > IN1, IN2 OR < > IN1, IN2	

比较指令用来比较数据类型相同的两个操作数 IN1 与 IN2 的大小关系，如大于、大于等于、等于、小于、小于等于及不等于。两个操作数 IN1、IN2 可以是字节、整数、双字整数和实数。

比较指令在梯形图中用带参数（即两个操作数 IN1、IN2）和运算符的触点表示，当比较条件成立时，触点闭合，否则断开，所以比较指令实际上也是一种位指令。在语句表中，比较指令与位逻辑指令 LD、A 和 O 进行组合后编程，当比较结果为真时，PLC 将栈顶值置1。梯形图触点中间和语句表中的 B、I（语句表中为 W）、D、R 分别表示无符号字节、有符号字整数、有符号双字整数、有符号实数比较。比较指令为上、下限控制以及数值条件判断提供了方便。

比较指令的类型有：字节比较、整数比较、双字整数比较和实数比较。

比较指令的运算符有：>、> =、= =、<、< = 和 < >，分别对应大于、大于等于、等于、小于、小于等于和不等于。

对比较指令可进行 LD、A 和 O 编程。

对上述三种条件进行组合，可以得到 $4 \times 6 \times 3 = 72$ 条比较指令。

字节比较指令用于比较两个字节型整数值 IN1 和 IN2 的大小，字节比较是无符号的。

整数比较指令用于比较两个一个字长的整数值 IN1 和 IN2 的大小，整数比较是有符号的（最高位为符号位），其范围是 16#8000 ~ 16#7FFF。例如，16#7FFF > 16#8000（后者为负数）。

双字整数比较指令用于比较两个双字长整数值 IN1 和 IN2 的大小，它们的比较也是有符号的（最高位为符号位），其范围是 16#80000000 ~ 16#7FFFFFFF。例如，16#7FFFFFFF > 16#80000000（后者为负数）。

实数比较指令用于比较两个双字长实数值 IN1 和 IN2 的大小，实数比较是有符号的（最高位为符号位）。负实数范围为 $-3.402\,823 \times 10^{38} \sim -1.175\,495 \times 10^{-38}$，正实数范围是 $+1.175\,495 \times 10^{-38} \sim +3.402\,823 \times 10^{38}$。

【例 1 - 2 - 1】 字节比较指令的应用如图 1 - 2 - 2 所示。在 I0.0 接通的情况下，当

MB28 数值小于或等于 50 时，Q0.0 输出为 ON，Q0.0 指示灯点亮；当 MB28 数值大于或等于 150 时，Q0.1 输出为 ON，Q0.1 指示灯点亮。

a)

```
LD      I0.0
LPS
AB<=    MB28,50
=       Q0.0
LPP
AB>=    MB28,150
=       Q0.1
```

b)

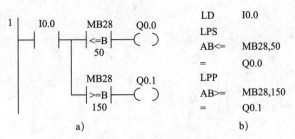

图 1－2－2　字节比较指令应用示例

a）梯形图　b）语句表

【例 1－2－2】　整数比较指令的应用如图 1－2－3 所示。将变量存储器 VW100 中的数值与十进制数 50 进行比较，当变量存储器 VW100 中的数值等于十进制数 50 时，Q0.0 输出为 ON。

a)

```
LDW=    VW100,+50
=       Q0.0
```

b)

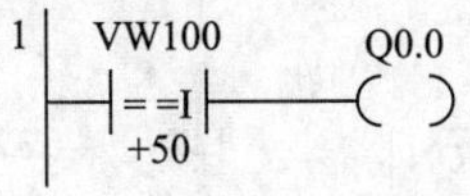

图 1－2－3　整数比较指令应用示例

a）梯形图　b）语句表

【例 1－2－3】　整数、双字整数、实数比较指令的应用如图 1－2－4 所示。在 I0.3 接通的情况下，当 VW0 > +10 000 时，Q0.2 为 ON；当 VD2 > －150 000 000 时，Q0.3 为 ON；当 VD6 > 5.001×10^{-6} 时，Q0.4 为 ON。

a)

```
LD      I0.3
LPS
AW>     VW0, +10000
=       Q0.2
LRD
AD<     −150000000, VD2
=       Q0.3
LPP
AR>     VD6, 5.001E-06
=       Q0.4
```

b)

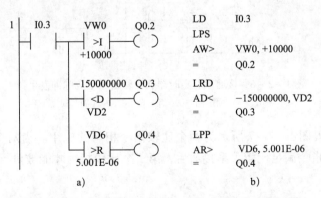

图 1－2－4　整数、双字整数、实数比较指令应用示例

a）梯形图　b）语句表

【例 1－2－4】　字节、整数、实数比较指令的应用如图 1－2－5 所示。当计数器 C30 中的当前值大于或等于 30 时，Q0.0 为 ON；当 I0.0 为 ON 且 VD1 中的实数小于 95.8 时，Q0.1 为 ON；当 I0.1 为 ON 或 VB1 中的值大于 VB2 中的值时，Q0.2 为 ON。

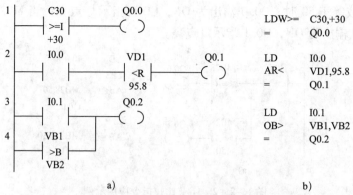

图 1-2-5 字节、整数、实数比较指令应用示例
a) 梯形图 b) 语句表

【例 1-2-5】 如图 1-2-6 所示，用接通延时定时器和比较指令可组成占空比可调的脉冲发生器（断电 6 s、通电 4 s）。Q0.0 为 0 的时间取决于比较指令（LDW>= T37，60）中第 2 个操作数的值。

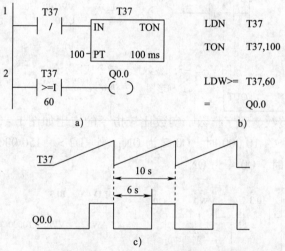

图 1-2-6 接通延时定时器和比较指令组成脉冲发生器
a) 梯形图 b) 语句表 c) 时序图

【例 1-2-6】 图 1-2-7 所示为两个比较指令相与的应用。当两个比较指令相与时，只有当第一个比较指令满足比较关系接通后，第二个比较指令才能被执行，否则第二个比较指令不能被执行。

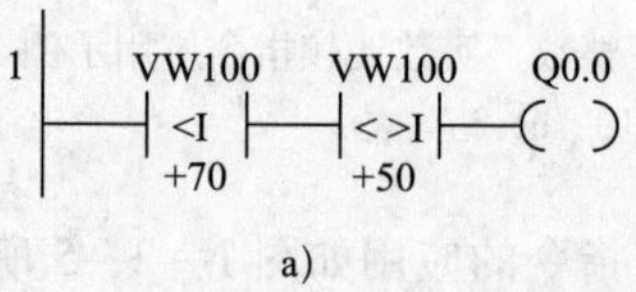

```
1    VW100    VW100    Q0.0        LDW<   VW100, +70
     <I        <>I       ( )        AW<>   VW100, +50
     +70       +50
                                    =      Q0.0
        a)                                    b)
```

图 1-2-7 两个比较指令相与的应用
a) 梯形图 b) 语句表

二、递增和递减指令

运算功能的加入是现代 PLC 与传统 PLC 的最大区别之一，目前各种型号的 PLC 普遍具备较强的运算功能。数学运算指令包括整数运算指令（加减乘除指令、产生双整数的整数乘法指令、带余数的整数除法指令以及递增/递减指令）、浮点数（即实数）运算指令（加减乘除指令、三角函数指令、反三角函数指令、自然对数指令、自然指数指令、平方根指令）、取最大值或最小值指令、取随机值指令、数组排序指令、取数组的平均值指令、取绝对值指令和低通滤波器指令，这里仅介绍与本任务相关的递增/递减指令。

递增/递减指令用于自增/自减操作，以实现累加计数、循环控制等程序的编写。递增/递减指令包括字节、字、双字递增/递减指令，其梯形图、语句表、操作数及数据类型见表 1 - 2 - 3。

表 1 - 2 - 3　　递增/递减指令的梯形图、语句表、操作数及数据类型

指令名称	梯形图	语句表	操作数及数据类型
字节递增指令	INC_B EN ENO IN OUT	INCB IN	IN：IB、QB、MB、SMB、VB、SB、LB、AC、*VD、*AC、*LD、常数　IN 数据类型：字节　OUT：IB、QB、MB、SMB、VB、SB、LB、AC、*VD、*AC、*LD
字节递减指令	DEC_B EN ENO IN OUT	DECB IN	OUT 数据类型：字节
字递增指令	INC_W EN ENO IN OUT	INCW IN	IN：IW、QW、MW、SW、SMW、T、C、VW、LW、AIW、AC、*VD、*LD、*AC、常数　IN 数据类型：整数　OUT：IW、QW、MW、SW、SMW、T、C、VW、LW、AC、*VD、*LD、*A
字递减指令	DEC_W EN ENO IN OUT	DECW IN	OUT 数据类型：整数
双字递增指令	INC_DW EN ENO IN OUT	INCD IN	IN：ID、QD、MD、SD、SMD、VD、LD、HC、AC、*VD、*LD、*AC、常数　IN 数据类型：双整数　OUT：ID、QD、MD、SD、SMD、VD、LD、AC、*VD、*LD、*AC
双字递减指令	DEC_DW EN ENO IN OUT	DECD IN	OUT 数据类型：双整数

字节递增/递减指令分别将输入字节（IN）加1或减1，并将结果存入 OUT 指定的变量中。字节递增/递减指令是无符号运算的，该指令影响零标志位 SM1.0（运算结果为零）和溢出标志位 SM1.1（有溢出、运算期间生成非法值或非法输入）。

字递增/递减指令分别将输入字（IN）加1或减1，并将结果存入 OUT 指定的变量中。字递增/递减指令是有符号运算的（如 16#7FFF > 16#8000）。

双字递增/递减指令分别将输入双字（IN）加1或减1，并将结果存入 OUT 指定的变量中。双字递增/递减指令是有符号运算的（如 16#7FFFFFFF > 16#80000000）。

字、双字递增/递减指令影响零标志位 SM1.0、溢出标志位 SM1.1 和负数标志位 SM1.2（运算结果为负）。

递增/递减指令在梯形图中执行 IN + 1 = OUT/IN − 1 = OUT 运算，在语句表中执行 OUT + 1 = OUT/OUT − 1 = OUT 运算。

【例1−2−7】 递增/递减指令运算程序如图 1−2−8 所示。初始状态下，AC0 中的内容为 125，VD100 中的内容为 128 000，加1和减1运算结果如图 1−2−9 所示。

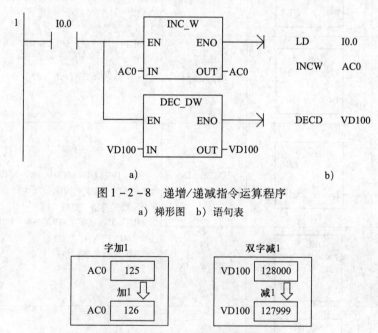

图 1−2−8 递增/递减指令运算程序

a）梯形图 b）语句表

图 1−2−9 加1和减1运算结果

 累加器 AC 是用来暂存数据的寄存器，它可以存放运算数据、中间数据和结果。S7−200 SMART PLC 提供了四个 32 位的累加器，其地址为 AC0 ~ AC3。累加器可采用字节、字、双字的存取方式，采用字节、字存取方式只能存取累加器的低8位或低16位，采用双字存取方式可以存取累加器的32位。

S7-200 SMART 编程语言的基本单位是语句，而语句是由指令构成的，每条指令一般有操作码和操作数两部分。指令中提供操作数或操作数地址的方式称为寻址方式。扫描右侧二维码，可了解 S7-200 SMART 指令系统的寻址方式。

任务实施

一、分配 I/O 地址

I/O 地址分配见表 1-2-4。

表 1-2-4　　　　　　　　　　　I/O 地址分配表

输入			输出		
输入设备	作用	输入继电器	输出设备	作用	输出继电器
按钮 SB0	数字键 0	I0.0	电磁阀 YV	控制开门	Q0.0
按钮 SB1	数字键 1	I0.1	蜂鸣器 HA	报警	Q0.1
按钮 SB2	数字键 2	I0.2			
按钮 SB3	数字键 3	I0.3			
按钮 SB4	数字键 4	I0.4			
按钮 SB5	数字键 5	I0.5			
按钮 SB6	数字键 6	I0.6			
按钮 SB7	数字键 7	I0.7			
按钮 SB8	数字键 8	I1.0			
按钮 SB9	数字键 9	I1.1			
按钮 SB10	确认键	I1.2			
按钮 SB11	复位键	I1.3			

二、绘制并安装 PLC 控制线路

密码锁 PLC 控制线路原理图如图 1-2-10 所示，PLC 控制线路接线图请读者自行绘制。安装接线时，电磁阀 YV 和蜂鸣器 HA 暂时不接到 PLC 输出端 Q0.0 和 Q0.1，待模拟调试完成后再连接。

三、设计梯形图程序

编辑符号表，如图 1-2-11 所示。

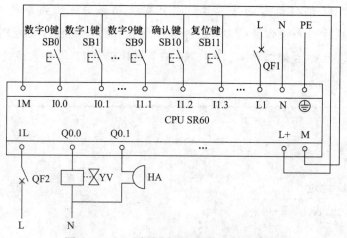

图 1－2－10　密码锁 PLC 控制线路原理图

符号表

	符号	地址	注释
1	数字0键	I0.0	
2	数字1键	I0.1	
3	数字2键	I0.2	
4	数字3键	I0.3	
5	数字4键	I0.4	
6	数字5键	I0.5	
7	数字6键	I0.6	
8	数字7键	I0.7	
9	数字8键	I1.0	
10	数字9键	I1.1	
11	确认键	I1.2	
12	复位键	I1.3	
13	开门电磁阀	Q0.0	
14	蜂鸣器	Q0.1	

用户定义1　POU Symbols

图 1－2－11　符号表

根据任务分析，使用比较指令和递增指令设计密码锁 PLC 控制程序。

1. 设计密码锁开启控制程序

根据控制要求，如要解锁，则输入的数字应和程序设定的密码相同，可以使用比较指令和递增指令实现判断。若判断正确，则由 Q0.0 控制解锁。密码锁开启程序如图 1－2－12 所示程序中的程序段 1～18。

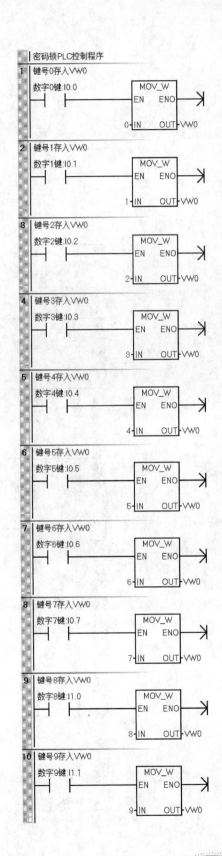

密码锁PLC控制程序

1 | 键号0存入VW0
数字0键:I0.0

2 | 键号1存入VW0
数字1键:I0.1

3 | 键号2存入VW0
数字2键:I0.2

4 | 键号3存入VW0
数字3键:I0.3

5 | 键号4存入VW0
数字4键:I0.4

6 | 键号5存入VW0
数字5键:I0.5

7 | 键号6存入VW0
数字6键:I0.6

8 | 键号7存入VW0
数字7键:I0.7

9 | 键号8存入VW0
数字8键:I1.0

10 | 键号9存入VW0
数字9键:I1.1

1	LD	I0.0
	MOVW	0, VW0
2	LD	I0.1
	MOVW	1, VW0
3	LD	I0.2
	MOVW	2, VW0
4	LD	I0.3
	MOVW	3, VW0
5	LD	I0.4
	MOVW	4, VW0
6	LD	I0.5
	MOVW	5, VW0
7	LD	I0.6
	MOVW	6, VW0
8	LD	I0.7
	MOVW	7, VW0
9	LD	I1.0
	MOVW	8, VW0
10	LD	I1.1
	MOVW	9, VW0

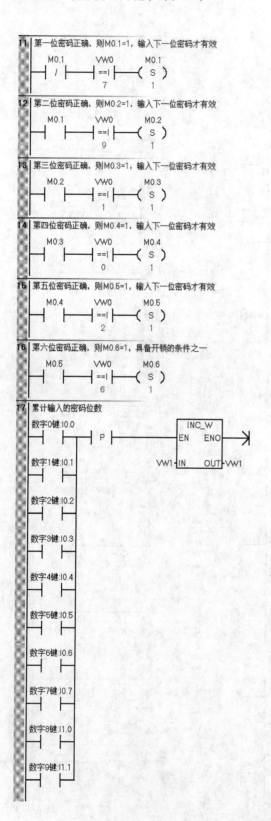

11 第一位密码正确，则M0.1=1，输入下一位密码才有效

12 第二位密码正确，则M0.2=1，输入下一位密码才有效

13 第三位密码正确，则M0.3=1，输入下一位密码才有效

14 第四位密码正确，则M0.4=1，输入下一位密码才有效

15 第五位密码正确，则M0.5=1，输入下一位密码才有效

16 第六位密码正确，则M0.6=1，具备开锁的条件之一

17 累计输入的密码位数

```
11  LDN   M0.1
    AW=   VW0, 7
    S     M0.1, 1

12  LD    M0.1
    AW=   VW0, 9
    S     M0.2, 1

13  LD    M0.2
    AW=   VW0, 1
    S     M0.3, 1

14  LD    M0.3
    AW=   VW0, 0
    S     M0.4, 1

15  LD    M0.4
    AW=   VW0, 2
    S     M0.5, 1

16  LD    M0.5
    AW=   VW0, 6
    S     M0.6, 1

17  LD    I0.0
    O     I0.1
    O     I0.2
    O     I0.3
    O     I0.4
    O     I0.5
    O     I0.6
    O     I0.7
    O     I1.0
    O     I1.1
    EU
    INCW  VW1
```

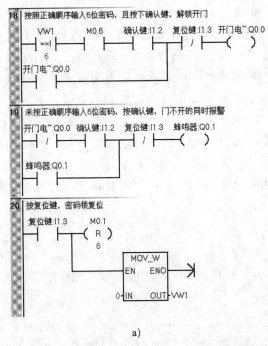

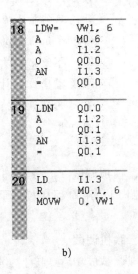

a) b)

图 1-2-12 密码锁 PLC 控制程序

a）梯形图 b）语句表

2. 设计密码锁报警控制程序

当输入密码与预先设定的 6 位密码"791026"不相符时，按下确认键（I1.2）后，Q0.0 不得电，此时还应接通蜂鸣器（Q0.1）报警，据此可设计出报警程序，即图 1-2-12 中的程序段 19。

3. 设计密码锁复位控制程序

从图 1-2-12 中程序段 19 的密码锁报警控制程序可以看出，当出现报警时，只要按下复位键（I1.3），报警输出继电器 Q0.1 线圈就会断电，报警停止，实现报警复位功能。但从图 1-2-12 中程序段 1~18 的密码锁开锁程序可以看出，当输入密码与预先设定的 6 位密码"791026"相符时，按下确认键（I1.2）后 Q0.0 得电，门解锁。此时即使按下复位键（I1.3），虽然 Q0.0 断电，但装载字比较指令的触点（程序段 18 中）和 M0.6 的常开触点并没有复位，关门后只要再次按下确认键（I1.2），Q0.0 会再次得电，密码锁会自动解锁开门，所以应该通过复位指令对 M0.1~M0.6 进行复位。因此，需设计出密码锁复位程序，即图 1-2-12 中的程序段 20。

想一想

如果控制要求改为三次输入密码错误后才报警，应该如何修改程序？

在设计密码锁复位控制程序时，除了采用复位指令对 M0.1 ~ M0.6 进行复位，还应使用 MOVW 指令对变量存储器 VW1 进行清零复位。如果未进行清零复位操作，将会导致变量存储器 VW1 计数错误，无法通过密码锁开门。这是因为变量存储器 VW1 根据密码锁输入位数进行计数，每次开门只能输入 6 位密码，若超过 6 位密码则出现计数错误。例如，第一次输入 6 位正确的密码后，门会自动开启。如果不对变量存储器 VW1 进行清零，即使第二次输入的密码正确，也会因变量存储器 VW1 计数为 12，而导致密码位数计数错误，无法使装载字比较指令（图 1-2-12 程序段 18 中）的常开触点闭合。此时即使 M0.6 闭合，Q0.0 也无法得电，导致门无法打开。

四、模拟调试

按照 PLC 用户程序模拟调试的方法，利用程序状态监控或状态图表监控进行模拟调试。

五、联机调试

模拟调试成功后，接上实际的负载，按照表 1-2-5 的步骤进行联机调试，同时注意观察和记录。

表 1-2-5　　　　　　　　　　　　联机调试记录表

步骤	操作内容	观察内容	观察结果
1	合上电源开关 QF1 和 QF2	以太网状态指示灯、CPU 状态指示灯和 I/O 状态指示灯的状态	
2	通过编程软件，将 PLC 置于 RUN 模式		
3	分别按顺序按下按钮 SB7、SB9、SB1、SB0、SB2、SB6，再按下确认按钮 SB10	I/O 状态指示灯的状态及电磁阀 YV、蜂鸣器 HA 工作情况	
4	按下复位按钮 SB11		
5	按下数字键按钮 SB0 ~ SB9 中的任意几个，再按下确认按钮 SB10		
6	按下复位按钮 SB11		
7	通过编程软件，将 PLC 置于 STOP 模式	CPU 状态指示灯和 I/O 状态指示灯的状态	
8	关断电源开关 QF1 和 QF2		

任务测评

清扫工作台面，整理技术文件，并参考表 1-1-7 进行任务测评。

任务3　跑马灯 PLC 控制

学习目标

1. 掌握左/右移位指令的功能、表示形式和使用方法。
2. 掌握循环左/右移位指令的功能、表示形式和使用方法。
3. 能使用移位指令设计跑马灯 PLC 控制程序。

任务引入

生活中常见的各种装饰彩灯和广告彩灯，都是在控制设备的控制下变幻出流水灯、跑马灯等多种效果。其中，中小型彩灯的控制设备多为数字电路，而大型楼宇的轮廓装饰或大型晚会的灯光布景等多由 PLC 进行控制，原因是其变化多、功率大，数字电路往往难以胜任。图1-3-1 所示为常见的彩灯，这些彩灯的亮暗、闪烁时间及流动方向均可以通过 PLC 控制。

图1-3-1　常见的彩灯

本任务要求应用 PLC 功能指令中的移位指令，设计一个由八盏彩灯组成的跑马灯 PLC 控制系统，并完成安装和调试。控制要求如下：

1. 现有 HL1～HL8 共八盏彩灯，按下启动按钮后，彩灯 HL1～HL8 以正序（从左到右）每隔1 s 依次轮流点亮（即每盏彩灯点亮1 s）；当第八盏彩灯 HL8 点亮后，再反序（从右到左）每隔1 s 依次轮流点亮；当第一盏彩灯 HL1 再次点亮后，重复上述循环过程；按下停止按钮后，跑马灯控制系统停止工作。

2. 具有短路保护等必要的保护措施。

本任务要求跑马灯中的八盏彩灯依次点亮，可以使用基本指令编写程序，但是程序会比较烦琐。使用 PLC 功能指令中的移位指令来设计会更简明、便捷。

实施本任务所使用的实训设备见表1-3-1。

表 1 – 3 – 1   实训设备清单

序号	设备名称	型号及规格	数量	单位	备注
1	微型计算机	装有 STEP 7 – Micro/WIN SMART 软件	1	台	
2	编程电缆	以太网电缆或 USB – PPI 电缆	1	条	
3	可编程序控制器	S7 – 200 SMART CPU SR60	1	台	配 C45 导轨
4	低压断路器	Multi9 C65N C20，单极	2	个	
5	按钮	LA4 – 2H	1	个	
6	彩灯	ND16 – 22DS/4，AC 220 V	8	个	绿色
7	接线端子排	TB – 1520，20 位	1	条	
8	配电盘	600 mm × 900 mm	1	块	

📋 **相关知识**

　　移位指令包括左/右移位指令、循环左/右移位指令和移位寄存器位指令，这里只介绍左/右移位指令和循环左/右移位指令。

一、左/右移位指令

左/右移位指令的梯形图、语句表、操作数及数据类型见表 1 – 3 – 2。

表 1 – 3 – 2   左/右移位指令的梯形图、语句表、操作数及数据类型

指令名称	梯形图	语句表	操作数及数据类型
字节左移位指令 （SLB 指令）	SHL_B EN　ENO IN　OUT N	SLB　OUT, N	IN：IB、QB、VB、MB、SB、SMB、LB、AC、*VD、*LD、*AC、常数 数据类型：字节 OUT：IB、QB、VB、MB、SB、SMB、LB、AC、*VD、*LD、*AC 数据类型：字节 N：IB、QB、VB、MB、SB、SMB、LB、AC、*VD、*LD、*AC、常数 数据类型：字节
字左移位指令 （SLW 指令）	SHL_W EN　ENO IN　OUT N	SLW　OUT, N	IN：IW、QW、VW、MW、SW、SMW、T、C、LW、AC、AIW、*VD、*LD、*AC、常数 数据类型：字 OUT：IW、QW、VW、MW、SW、SMW、T、C、LW、AC、*VD、*LD、*AC 数据类型：字 N：IB、QB、VB、MB、SB、SMB、LB、AC、*VD、*LD、*AC、常数 数据类型：字节
双字左移位指令 （SLD 指令）	SHL_DW EN　ENO IN　OUT N	SLD　OUT, N	IN：ID、QD、VD、MD、SD、SMD、LD、HC、AC、*VD、*LD、*AC、常数 数据类型：双字 OUT：ID、QD、VD、MD、SD、SMD、LD、AC、*VD、*LD、*AC 数据类型：双字 N：IB、QB、VB、MB、SB、SMB、LB、AC、*VD、*LD、*AC、常数 数据类型：字节

指令名称	梯形图	语句表	操作数及数据类型
字节右移位指令 （SRB 指令）	SHR_B EN　ENO IN　OUT N	SRB　OUT，N	同字节左移位指令
字右移位指令 （SRW 指令）	SHR_W EN　ENO IN　OUT N	SRW　OUT，N	同字左移位指令
双字右移位指令 （SRD 指令）	SHR_DW EN　ENO IN　OUT N	SRD　OUT，N	同双字左移位指令

注意

在语句表中，IN 和 OUT 可以是同一个地址（可以节省内存），这时的语句表形式与表 1-3-2 中相同。若 IN 地址和 OUT 地址不同，则需要用传送指令将 IN 中的数值送到 OUT 中，再进行移位，如：

MOVB　IN，OUT

SLB　OUT，N

左/右移位指令的功能是将输入值 IN 的位值向左或向右移动 N 位后，送入 OUT。移位指令对移出的位自动补 0。如果移位的位数 N 大于或等于允许值（如字节操作为 8，字操作为 16，双字操作为 32），应对 N 进行取模操作。例如，对于字移位，将 N 除以 16 后取余数，并将余数作为有效的移位次数。取模操作的结果对于字节操作是 0~7，对于字操作是 0~15，对于双字操作是 0~31。如果 N 分别等于 8、16、32，则不进行移位操作。所有移位指令中的"N"均为字节型数据。如果移位次数大于 0，溢出标志位 SM1.1 将保存最后一次被移出的位值。如果移位操作使数据变为 0，则零标志位 SM1.0 被置位。另外，字节操作是无符号操作。对于字操作和双字操作，当使用有符号数据值时，也对符号位进行移位。

1. 左移位指令

当左移位（shift left，SHL）指令的使能端输入有效时，将输入的字节、字或双字左移 N 位，右端补 0，并将结果输出到 OUT 指定的存储器单元，最后一次移出的位值保存在 SM1.1 中。

【例 1 - 3 - 1】 图 1 - 3 - 2 所示为左移位指令的应用示例。

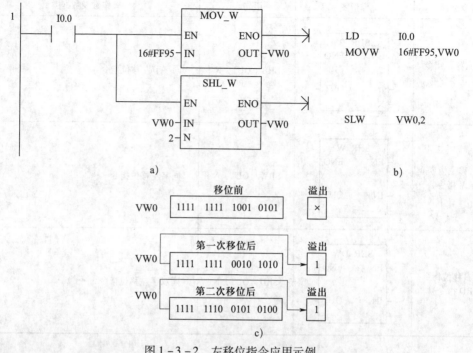

a)

b)

c)

图 1 - 3 - 2 左移位指令应用示例

a）梯形图 b）语句表 c）指令功能图

2. 右移位指令

当右移位（shift right，SHR）指令的使能端输入有效时，将输入的字节、字或双字右移 N 位，左端补 0，并将结果输出到 OUT 指定的存储器单元，最后一次移出的位值保存在 SM1.1 中。

表格指令属于数据处理类指令，它是以表格形式进行数据处理的一类功能指令，使用很方便。扫描右侧二维码，可了解表格指令的功能、表示形式和使用方法。

二、循环左/右移位指令

循环左/右移位指令的梯形图、语句表、操作数及数据类型见表 1 - 3 - 3。

表 1 - 3 - 3　　　循环左/右移位指令的梯形图、语句表、操作数及数据类型

指令名称	梯形图	语句表	操作数及数据类型
字节循环左移位指令 （RLB 指令）	ROL_B EN　　ENO IN　　OUT N	RLB　OUT，N	同字节左移位指令

指令名称	梯形图	语句表	操作数及数据类型
字循环左移位指令 （RLW 指令）	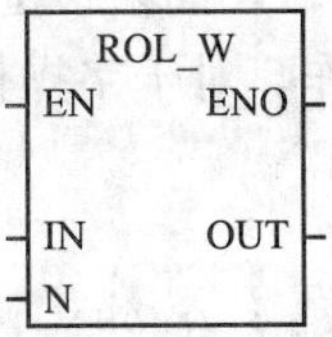 ROL_W EN ENO IN OUT N	RLW OUT, N	同字左移位指令
双字循环左移位指令 （RLD 指令）	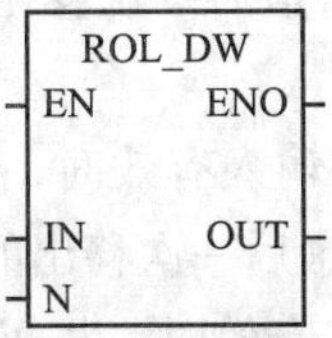 ROL_DW EN ENO IN OUT N	RLD OUT, N	同双字左移位指令
字节循环右移位指令 （RRB 指令）	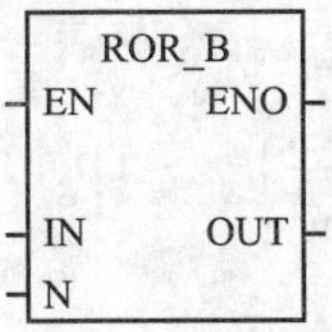 ROR_B EN ENO IN OUT N	RRB OUT, N	同字节左移位指令
字循环右移位指令 （RRW 指令）	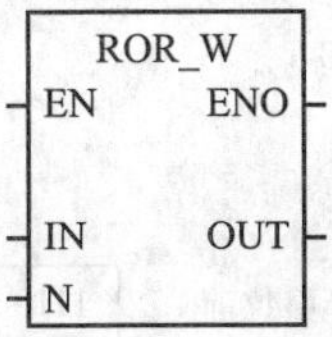 ROR_W EN ENO IN OUT N	RRW OUT, N	同字左移位指令
双字循环右移位指令 （RRD 指令）	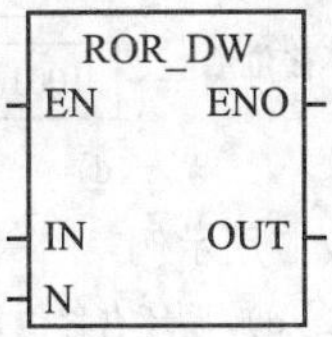 ROR_DW EN ENO IN OUT N	RRD OUT, N	同双字左移位指令

注意

在语句表中，IN 和 OUT 可以是同一个地址（可以节省内存），这时语句表形式与表 1-3-3 中相同。若 IN 地址和 OUT 地址不同，则需要用传送指令将 IN 中的数值送到 OUT 中，再进行循环移位，如：

MOVB IN, OUT

RLB OUT, N

循环左/右移位指令的功能是将输入值 IN 的位值向左或向右循环移动 N 位后，送入 OUT。循环移位是环形的，即被移出的位值将返回另一端空出来的位置。如果移动的位数 N

大于或等于允许值（字节操作为 8，字操作为 16，双字操作为 32），执行循环移位前应对 N 进行取模操作。如果取模操作的结果为 0，则不进行循环移位操作。如果循环移位指令被执行，移出的最后一位数值会被复制到溢出标志位 SM1.1。如果移位操作使数据变为 0，则零标志位 SM1.0 被置位。另外，字节操作是无符号操作。对于字操作和双字操作，当使用有符号数据值时，也对符号位进行移位。

1. 循环左移位指令

当循环左移位（rotate left，ROL）指令的使能端输入有效时，字节、字或双字循环左移 N 位后，将结果输出至 OUT 指定的存储单元中，并将最后一次移出的位值送至 SM1.1 存储。

2. 循环右移位指令

当循环右移位（rotate right，ROR）指令的使能端输入有效时，字节、字或双字循环右移 N 位后，将结果输出至 OUT 指定的存储单元中，并将最后一次移出的位值送至 SM1.1 存储。

【例 1 – 3 – 2】 如图 1 – 3 – 3 所示，当 I0.0 输入有效时，将 VB10 左移 4 位送到 VB10，将 VB0 循环右移 3 位送到 VB0。

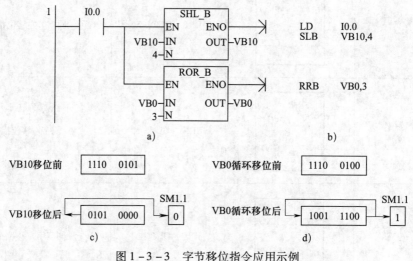

图 1 – 3 – 3　字节移位指令应用示例

a）梯形图 b）语句表 c）左移位指令功能图 d）循环右移位指令功能图

【例 1 – 3 – 3】 如图 1 – 3 – 4 所示，将 AC0 中的字循环右移 2 位，将 VW200 中的字左移 3 位。

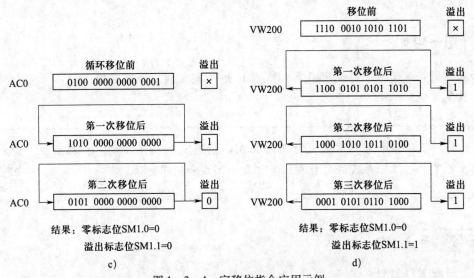

图1－3－4 字移位指令应用示例

a) 梯形图 b) 语句表 c) 循环右移位指令功能图 d) 左移位指令功能图

【例1－3－4】 八盏彩灯依次向左循环点亮梯形图如图1－3－5所示。按下启动按钮I0.1后，八盏彩灯（Q0.0～Q0.7）从Q0.0开始每隔1 s依次向左循环点亮，直至按下停止按钮I0.2后熄灭。

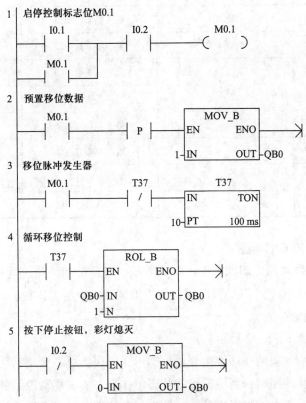

图1－3－5 八盏彩灯依次向左循环点亮梯形图

想一想

如果使用特殊辅助继电器 SM0.5 构成移位脉冲发生器，如何实现上述八盏彩灯依次向左循环点亮控制？

移位寄存器位指令可以用来进行顺序控制、步进及数据流控制。扫描右侧二维码，可了解移位寄存器位指令的功能、表示形式和使用方法。

任务实施

一、分配 I/O 地址

I/O 地址分配见表 1 – 3 – 4。

表 1 – 3 – 4   I/O 地址分配表

输入		输出	
输入设备	输入继电器	输出设备	输出继电器
启动按钮 SB1	I0.0	第一盏彩灯 HL1	Q0.0
停止按钮 SB2	I0.1	第二盏彩灯 HL2	Q0.1
		第三盏彩灯 HL3	Q0.2
		第四盏彩灯 HL4	Q0.3
		第五盏彩灯 HL5	Q0.4
		第六盏彩灯 HL6	Q0.5
		第七盏彩灯 HL7	Q0.6
		第八盏彩灯 HL8	Q0.7

二、绘制并安装 PLC 控制线路

跑马灯 PLC 控制线路原理图如图 1 – 3 – 6 所示，PLC 控制线路接线图请读者自行绘制。安装时，八盏彩灯暂时不接到 PLC 输出端，待模拟调试完成后再连接。

三、设计梯形图程序

编辑符号表，如图 1 – 3 – 7 所示。

本任务使用传送指令和循环移位指令设计梯形图程序。可以分别利用循环左、右移位指令完成彩灯的左、右移动控制，利用输出的状态位作为左、右移动控制的切换控制触点。因为彩灯每秒移动一次，所以可以利用秒脉冲发生器中的定时器触点作为循环左、右移位指令

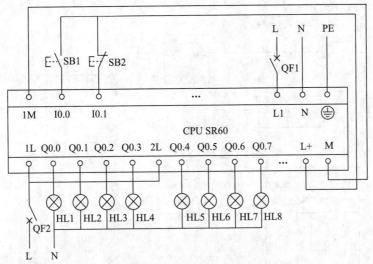

图 1－3－6 跑马灯 PLC 控制线路原理图

符号表

	符号	地址	注释
1	启动按钮SB1	I0.0	常开按钮
2	停止按钮SB2	I0.1	常闭按钮
3	第一盏彩灯HL1	Q0.0	
4	第二盏彩灯HL2	Q0.1	
5	第三盏彩灯HL3	Q0.2	
6	第四盏彩灯HL4	Q0.3	
7	第五盏彩灯HL5	Q0.4	
8	第六盏彩灯HL6	Q0.5	
9	第七盏彩灯HL7	Q0.6	
10	第八盏彩灯HL8	Q0.7	

用户定义1 POU Symbols

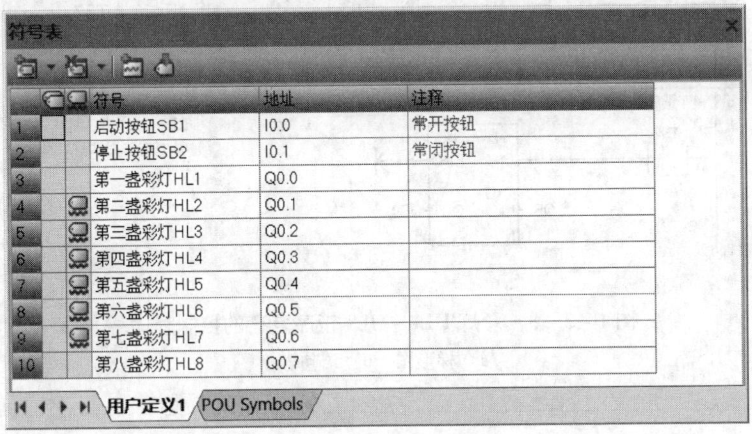

图 1－3－7 符号表

的执行条件。具体的编程思路如下。

1. 设计彩灯 HL1～HL8 正序点亮的控制程序

当按下启动按钮 SB1 时，输入继电器 I0.0 接通，彩灯 HL1～HL8 以正序（从左到右）点亮，此时 Q0.7～Q0.0 的状态依次为 0000 0001、0000 0010、…、1000 0000，可以使用循环左移位指令实现该功能。梯形图程序如图 1－3－8 所示，本段程序的控制原理是：当按下启动按钮时，I0.0 置 1，I0.0 常开触点闭合，正跳变触点检测到 I0.0 正跳变（上升沿），能流只接通一个扫描周期，执行 MOVB 指令，Q0.0＝1；Q0.0 常开触点闭合，接通控制正序启动程序的辅助继电器 M0.0；M0.0 的常开触点接通后，秒脉冲发生器开始启动，执行循环左移位指令，控制彩灯按正序点亮。当需要停止时，按下停止按钮 SB2，通过传送指令使 QB0 置 0 关灯，同时断开辅助继电器 M0.0 线圈，使正序点亮控制回路断开，彩灯停止正序点亮工作。

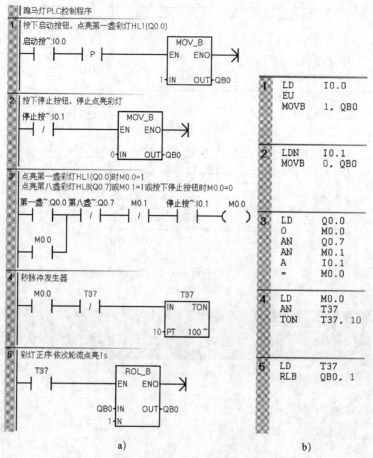

图 1-3-8 彩灯 HL1～HL8 正序点亮的控制程序

a）梯形图 b）语句表

 在程序段 3 中串入 Q0.7 和 M0.1 的常闭触点的目的是：当彩灯依次点亮到第八盏灯时，Q0.7 置 1，其常闭触点断开，使 M0.0 置 0，正序控制回路断开。M0.1 的常闭触点起着正反序控制的互锁作用。

2. 设计彩灯 HL1～HL8 反序点亮的控制程序

彩灯 HL1～HL8 反序点亮可以使用循环右移位指令来实现，梯形图程序如图 1-3-9 所示。本段程序的控制原理是：当彩灯 HL1～HL8 以正序点亮至第八盏灯 HL8 时，Q0.7 置 1，其常闭触点断开，正序点亮停止；此时，M0.1 置 1，其常开触点闭合，接通反序控制回路，彩灯 HL1～HL8 以反序点亮。当彩灯 HL1～HL8 以反序点亮至第一盏灯 HL1 时，Q0.0 置 1，其常闭触点断开，反序点亮停止；此时，M0.0 置 1，其常开触点闭合，接通正序控制回路，彩灯开始下一次点亮循环控制。在彩灯反序点亮控制过程中，若需停止，按下停止按钮 SB2 即可，通过传送指令使 QB0 置 0 关灯，同时 I0.1 常开触点使辅助继电器 M0.1 线圈断电，反序点亮控制回路断开，彩灯停止反序点亮工作。

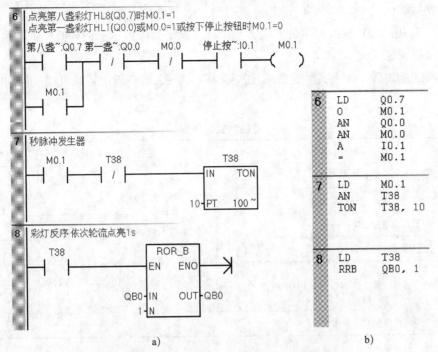

图 1 - 3 - 9 彩灯 HL1 ~ HL8 反序点亮的控制程序

a) 梯形图 b) 语句表

3. 设计完整的梯形图程序

综上所述，只要把图 1 - 3 - 8a 和图 1 - 3 - 9a 所示的梯形图组合起来，即可得到本任务完整的梯形图程序。

想一想

1. 若本任务中的彩灯 HL1 ~ HL8 以正序每隔 1 s 轮流点亮，当第八盏灯 HL8 点亮后，要求停 2 s，然后才以反序每隔 1 s 轮流点亮；当第一盏灯 HL1 再次点亮后，停 2 s，重复上述过程。则其控制程序应如何设计？

2. 若本任务的彩灯改为 16 盏，其控制程序又将如何设计？

当使用传送指令和移位指令等数据处理类指令进行编程时，尤其要注意指令操作码和操作数数据类型的匹配问题。本任务编程时正确的循环左移位指令应为 "RLB QB0，1"，如果误将循环左移位指令写成 "RLW QB0，1"，将出现指令操作数的数据长度或类型无效的错误。这是因为在循环左移位指令 "RLB QB0，1" 中，RLB 指令的操作码已经规定了是字节循环左移位功能，则其相应的指令操作数数据类型就必须是字节类型。否则在程序编译时会有错误提示，而且也不能完成程序下载。

四、模拟调试

按照 PLC 用户程序模拟调试的方法，利用程序状态监控或状态图表监控进行模拟调试。

五、联机调试

模拟调试成功后，接上实际的负载，按照表 1 – 3 – 5 的步骤进行联机调试，同时注意观察和记录。

表 1 – 3 – 5　　　　　　　　　　　　　　联机调试记录表

步骤	操作内容	观察内容	观察结果
1	合上电源开关 QF1 和 QF2	以太网状态指示灯、CPU 状态指示灯和 I/O 状态指示灯的状态	
2	通过编程软件，将 PLC 置于 RUN 模式		
3	按下启动按钮 SB1	I/O 状态指示灯的状态及彩灯 HL1 ～ HL8 点亮情况	
4	按下停止按钮 SB2		
5	通过编程软件，将 PLC 置于 STOP 模式	CPU 状态指示灯和 I/O 状态指示灯的状态	
6	关断电源开关 QF1 和 QF2		

任务测评

清扫工作台面，整理技术文件，并参考表 1 – 1 – 7 进行任务测评。

任务4　停车场空车位数码显示 PLC 控制

学习目标

1. 掌握算术运算指令的功能、表示形式和使用方法。
2. 了解 BCD 码的编码方式和 BCD 拨码器的使用方法。
3. 掌握 BCD 码转换指令的功能、表示形式和使用方法。
4. 能使用算术运算指令和 BCD 码转换指令设计停车场空车位数码显示 PLC 控制程序。

任务引入

随着经济的持续高速发展，城市居民汽车拥有量急剧增加。在拥挤的市区里，汽车数量增加与停车位不足之间的矛盾越来越突出。图 1 – 4 – 1 所示为某停车场空车位数码显示屏，它对提高停车效率、缓解交通拥挤具有一定的积极作用。

图 1 - 4 - 1 停车场空车位数码显示屏

本任务要求使用 PLC 功能指令中的 BCD 码转换指令设计停车场空车位数码显示 PLC 控制系统，并完成安装和调试。控制要求如下：

1. 停车场最多可停 50 辆车，用两位数码管显示空车位的数量。用出/入传感器检测进出停车场的车辆数目，每进一辆车，停车场空车位的数量减 1；每出一辆车，停车场空车位的数量加 1。当停车场空车位的数量大于 5 时，入口处绿灯点亮，允许入场；当停车场空车位的数量大于 0 且不大于 5 时，绿灯以 1 Hz 的频率闪烁，提醒待进场车辆注意空车位数量较少；当停车场空车位的数量等于 0 时，入口处红灯点亮，禁止车辆入场。

2. 具有短路保护等必要的保护措施。

设计停车场空车位数码显示 PLC 控制系统需使用多个功能指令。设计停车场空车位数量的增减控制程序，要使用算术运算指令；设计数码管显示空车位数量的控制程序，要使用 BCD 码转换指令和段码指令；设计停车场入口处信号灯状态的控制程序，要使用比较指令。由于使用了数据处理类指令和数学运算类指令，因此要注意 PLC 程序中的数据类型。

实施本任务所使用的实训设备见表 1 - 4 - 1。

表 1 - 4 - 1　　　　　　　　　　　　实训设备清单

序号	设备名称	型号及规格	数量	单位	备注
1	微型计算机	装有 STEP 7 - Micro/WIN SMART 软件	1	台	
2	编程电缆	以太网电缆或 USB - PPI 电缆	1	条	
3	可编程序控制器	S7 - 200 SMART CPU SR60	1	台	配 C45 导轨
4	开关式稳压电源	S - 150 - 24，AC 220 V/DC 24 V，150 W	1	台	
5	低压断路器	Multi9 C65N C20，单极	2	个	
6	按钮	LA10 - 2H	1	个	
7	接近传感器	欧姆龙 E2E - X7D1S M18	2	个	二线制
8	数码管	共阴极，10106 AH	2	个	1 in，红光
9	碳膜电阻	1.3 kΩ，0.25 W	14	个	
10	信号灯	ND16 - 22DS/2，DC 24 V	2	个	红、绿各 1 个
11	接线端子排	TB - 1520，20 位	1	条	
12	配电盘	600 mm × 900 mm	1	块	

📖 **相关知识**

一、算术运算指令

算术运算指令是指数学运算指令中的加、减、乘、除运算指令，包括整数、双整数和实数的加、减、乘、除运算指令，产生双整数的整数乘法指令、带余数的整数除法指令、递增指令和递减指令。递增指令和递减指令已经在前面的任务中介绍，不再重复。算术运算指令的梯形图、语句表、操作数及数据类型见表 1－4－2。

表 1－4－2　　　　算术运算指令的梯形图、语句表、操作数及数据类型

指令名称	梯形图	语句表	操作数及数据类型
整数加法指令	ADD_I EN　ENO IN1　OUT IN2	＋I　IN1，OUT	IN1/IN2：VW、IW、QW、MW、SW、SMW、LW、T、C、AIW、常数、AC、＊VD、＊LD、＊AC 数据类型：整数 OUT：VW、IW、QW、MW、SW、SMW、LW、T、C、AC、＊VD、＊LD、＊AC 数据类型：整数
双整数加法指令	ADD_DI EN　ENO IN1　OUT IN2	＋D　IN1，OUT	IN1/IN2：VD、ID、QD、MD、SD、SMD、LD、常数、AC、HC、＊VD、＊LD、＊AC 数据类型：双整数 OUT：VD、ID、QD、MD、SD、SMD、LD、AC、＊VD、＊LD、＊AC 数据类型：双整数
实数加法指令	ADD_R EN　ENO IN1　OUT IN2	＋R　IN1，OUT	IN1/IN2：VD、ID、QD、MD、SD、SMD、LD、常数、AC、＊VD、＊LD、＊AC 数据类型：实数 OUT：VD、ID、QD、MD、SD、SMD、LD、AC、＊VD、＊LD、＊AC 数据类型：实数
整数减法指令	SUB_I EN　ENO IN1　OUT IN2	－I　IN2，OUT	同整数加法指令
双整数减法指令	SUB_DI EN　ENO IN1　OUT IN2	－D　IN2，OUT	同双整数加法指令
实数减法指令	SUB_R EN　ENO IN1　OUT IN2	－R　IN2，OUT	同实数加法指令

续表

指令名称	梯形图	语句表	操作数及数据类型
整数乘法指令	MUL_I EN ENO IN1 OUT IN2	*I IN1，OUT	同整数加法指令
双整数乘法指令	MUL_DI EN ENO IN1 OUT IN2	*D IN1，OUT	同双整数加法指令
实数乘法指令	MUL_R EN ENO IN1 OUT IN2	*R IN1，OUT	同实数加法指令
整数除法指令	DIV_I EN ENO IN1 OUT IN2	/I IN2，OUT	同整数加法指令
双整数除法指令	DIV_DI EN ENO IN1 OUT IN2	/D IN2，OUT	同双整数加法指令
实数除法指令	DIV_R EN ENO IN1 OUT IN2	/R IN2，OUT	同实数加法指令
产生双整数 的整数乘法指令	MUL EN ENO IN1 OUT IN2	MUL IN1，OUT	IN1/IN2：VW、IW、QW、MW、SW、SMW、 LW、T、C、AIW、常数、AC、*VD、*LD、*AC 数据类型：整数 OUT：VD、ID、QD、MD、SD、SMD、LD、AC、 *VD、*LD、*AC 数据类型：双整数
带余数 的整数除法指令	DIV EN ENO IN1 OUT IN2	DIV IN2，OUT	

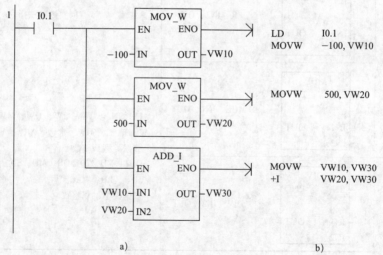

注意

对于加法、乘法类运算指令，在语句表中 IN2 与 OUT 可以是同一个地址（可以节省内存），这时语句表形式见表 1-4-2。若 IN2 地址与 OUT 地址不同，则需要用传送指令将 IN1 中的数值送到 OUT 中，再进行运算，如：

MOVW IN1，OUT

　+I　IN2，OUT

对于减法、除法类运算指令，在语句表中 IN1 与 OUT 可以是同一个地址，这时语句表形式见表 1-4-2。若 IN1 地址与 OUT 地址不同，则需要用传送指令将 IN1 中的数值送到 OUT 中，再进行运算，如：

MOVW IN1，OUT

　-I　IN2，OUT

在梯形图中，整数、双整数和实数的加、减、乘、除运算指令分别执行运算：IN1 + IN2 = OUT、IN1 - IN2 = OUT、IN1 × IN2 = OUT、IN1/IN2 = OUT。

在语句表中，整数、双整数和实数的加、减、乘、除运算指令分别执行运算：IN1 + OUT = OUT（IN2 地址与 OUT 地址相同）、OUT - IN2 = OUT（IN1 地址与 OUT 地址相同）、IN1 × OUT = OUT（IN2 地址与 OUT 地址相同）、OUT/IN2 = OUT（IN1 地址与 OUT 地址相同）。

整数、双整数和实数的加、减、乘、除运算指令影响 SM1.0、SM1.1、SM1.2 和 SM1.3（除数为 0）。

整数、双整数和实数运算指令的运算结果分别为整数、双整数和实数，整数除法和双整数除法运算都不保留余数。运算结果如果超出允许的范围，溢出标志位 SM1.1 被置 1。

1. 整数的加、减、乘、除指令

整数的加、减、乘、除指令是将两个 16 位整数进行加、减、乘、除运算，产生一个 16 位的结果，除法运算产生的余数不保留。

【例 1-4-1】 整数加法运算程序示例如图 1-4-2 所示。当 I0.1 接通时，-100 传送至 VW10，500 传送至 VW20，然后 VW10 与 VW20 相加，结果存入 VW30。

a)　　　　　　　　　　　　　　　　　　　　　　b)

	地址	格式	当前值
1	VW10	有符号	-100
2	VW20	有符号	+500
3	VW30	有符号	+400
4		有符号	
5		有符号	

c)

图1-4-2 整数加法运算程序示例

a) 梯形图 b) 语句表 c) 状态监控表

小提示

　　图1-4-2b所示的语句表可以这样理解：由于IN2地址与OUT地址不同，则需要用传送指令将IN1（注意：不是IN2）中的数值送到OUT中，再进行运算，所以有语句"MOVW　VW10, VW30"；对于加法运算指令，在语句表中IN2与OUT可以是同一个地址，即IN2中的数值与OUT中的数值相同，从而有语句"+I　IN1, OUT"。现在，VW10和VW30中的数值相同。这时，要把VW10当作是IN2中的数值，而VW20当作是IN1，所以有语句"+I　VW20, VW30"。

【例1-4-2】　整数减法运算程序示例如图1-4-3所示。当I0.1接通时，300传送至VW10，1200传送至VW20，然后VW10与VW20相减，结果存入VW30。VW10与VW20相减的结果为负数，负数标志位SM1.2置1，Q0.0线圈通电。

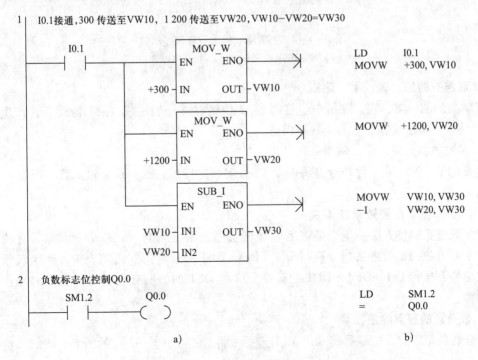

a)　　　　　　　　　　　　　　　　b)

	地址	格式	当前值
1	VW10	有符号	+300
2	VW20	有符号	+1200
3	VW30	有符号	-900

c)

图 1－4－3 整数减法运算程序示例

a）梯形图 b）语句表 c）状态监控表

【例 1－4－3】 整数乘、除法运算程序示例如图 1－4－4 所示。初始状态下，AC1 中的数值为 40，VW100 中的数值为 20，VW200 中的数值为 4000，VW10 中的数值为 40。

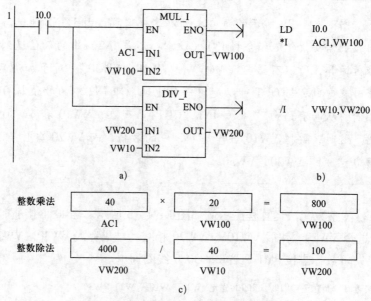

a)

```
LD    I0.0
*I    AC1,VW100

/I    VW10,VW200
```

b)

c)

图 1－4－4 整数乘、除法运算程序示例

a）梯形图 b）语句表 c）指令功能图

2. 双整数的加、减、乘、除指令

双整数的加、减、乘、除指令是将两个 32 位整数进行加、减、乘、除运算，产生一个 32 位的结果，除法运算产生的余数不保留。

3. 实数的加、减、乘、除指令

实数的加、减、乘、除指令是将两个 32 位实数进行加、减、乘、除运算，产生一个 32 位的结果。

4. 产生双整数的整数乘法指令

产生双整数的整数乘法指令是将两个 16 位整数相乘，产生一个 32 位的结果。在梯形图中，产生双整数的整数乘法指令执行 IN1 × IN2 = OUT 的运算。在语句表中，产生双整数的整数乘法指令执行 IN1 × OUT = OUT 的运算，32 位 OUT 的最低有效字（16 位）被用作其中一个乘数。

5. 带余数的整数除法指令

带余数的整数除法指令是将两个 16 位整数相除，产生一个 32 位的结果，该结果包括一

个 16 位的余数（最高有效字）和一个 16 位的商（最低有效字）。在梯形图中，带余数的整数除法指令执行 IN1/IN2 = OUT 的运算。在语句表中，带余数的整数除法指令执行 OUT/IN1 = OUT 的运算，32 位 OUT 的最低有效字（16 位）用作被除数。

【例 1 - 4 - 4】 整数除法、实数除法和带余数的整数除法指令的应用如图 1 - 4 - 5 所示。

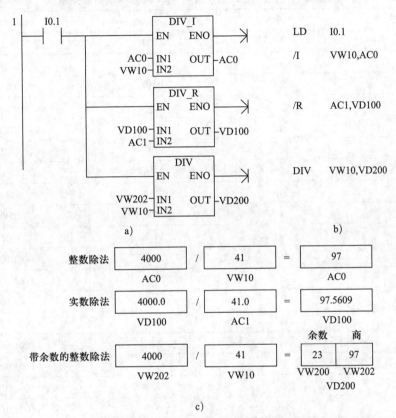

图 1 - 4 - 5 整数除法、实数除法和带余数的整数除法指令的应用

a）梯形图 b）语句表 c）指令功能图

在使用算术运算指令编程的过程中遇到数据类型的转换时，需要使用数据类型转换指令，包括字节与字整数之间的转换指令、字整数与双字整数之间的转换指令和双字整数与实数之间的转换指令。扫描右侧二维码，可了解数据类型转换指令的功能、表示形式和使用方法。

二、BCD 码和 BCD 码转换指令

1. BCD 码

BCD 码是一种用二进制编码的十进制代码，常用于实时时钟、浮点数运算、LED 编码等场合。最常用的 BCD 码是 8421BCD 码，它的每位十进制数用 4 位二进制数来表示，0 ~ 9 对应的二进制数为 0000 ~ 1001，各位 BCD 码之间的运算规则为逢十进 1。以 8421BCD 码

1001 0110 0111 0101 为例，对应的十进制数为 9675。16 位 8421BCD 码对应 4 位十进制数，允许的最大数字为 9999，最小的数字为 0。十进制数、十六进制数、二进制数与 8421BCD 码的对应关系见表 1-4-3。

表1-4-3　　　　　　　十进制、十六进制、二进制数与 8421BCD 码的对应关系

十进制数	十六进制数	二进制数	8421BCD 码
0	0	0000	0000
1	1	0001	0001
2	2	0010	0010
3	3	0011	0011
4	4	0100	0100
5	5	0101	0101
6	6	0110	0110
7	7	0111	0111
8	8	1000	1000
9	9	1001	1001
10	A	1010	0001 0000
11	B	1011	0001 0001
12	C	1100	0001 0010
13	D	1101	0001 0011
14	E	1110	0001 0100
15	F	1111	0001 0101
16	10	1 0000	0001 0110
17	11	1 0001	0001 0111
20	14	1 0100	0010 0000
50	32	11 0010	0101 0000
150	96	1001 0110	0001 0101 0000

从表 1-4-3 中可以看出，8421BCD 码从低位起每 4 位为一组，高位不足 4 位时补 0，每组表示 1 位十进制数码。8421BCD 码与二进制数的表面形式相同，但概念完全不同，虽然在一组 8421BCD 码中，每位的进位也是二进制，但组与组之间的进位则是十进制。

一个七段数码管可以显示一位十进制数码，当显示不止一位的十进制数码时，就要使用多个七段数码管。以两位十进制数码为例，可以显示十进制数值范围为 0～99。在 PLC 中，参加运算和存储的数据均以二进制形式存在。如果直接使用段码指令对 4 位二进制数据进行编码，则会出现差错。例如，十进制数 21 的二进制形式是 0001 0101，对高 4 位应用 SEG 指令编码，则得到"1"的七段显示码；对低 4 位应用 SEG 指令编码，则得到"5"的七段显示码，显示的数码为"15"，而不是十进制数"21"。显然，若要显示"21"，就要先将二进制数 0001 0101 转换成反映十进制进位关系（即逢十进一）的 0010 0001 代码，然后对高 4

位"2"和低4位"1"分别用SEG指令编出七段显示码。这种用二进制形式反映十进制进位关系的代码就是8421BCD码。

图1-4-6所示的8421BCD拨码器能够将由按键输入的一位十进制数以8421BCD码的形式输出。8421BCD拨码器接线端的通断状态是当前拨码器位置的反映,拨码盘数码显示的数值直接影响8、4、2、1四个引脚与公共引脚的导通状态。例如,当拨码盘显示数据为7时,4、2、1引脚均与公共引脚导通,8引脚与公共引脚不导通。

图1-4-6 8421BCD拨码器

2. BCD码转换指令

BCD码转换指令包括BCD码转换为整数指令(BCDI指令)、整数转换为BCD码指令(IBCD指令)、BCD码转换为双整数指令(BCDDI指令)和双整数转换为BCD码指令(DIBCD指令),其中BCDI指令、IBCD指令的梯形图、语句表、操作数及数据类型见表1-4-4。

表1-4-4　　BCDI指令、IBCD指令的梯形图、语句表、操作数及数据类型

指令名称	梯形图	语句表	操作数及数据类型
BCD码转换为整数指令（BCDI指令）	BCD_I EN　ENO IN　OUT	BCDI　OUT	IN：IW、QW、MW、SW、SMW、T、C、VW、LW、AIW、AC、*VD、*LD、*AC、常数 数据类型：字 OUT：IW、QW、MW、SW、SMW、T、C、VW、LW、AC、*VD、*LD、*AC 数据类型：字
整数转换为BCD码指令（IBCD指令）	I_BCD EN　ENO IN　OUT	IBCD　OUT	

BCDI指令的功能是将输入的BCD码形式的数据转换为整数类型,并将结果送入OUT指定的存储单元。IN的有效范围是0~9999。

IBCD指令的功能是将输入整数IN转换为BCD码形式的数据,并将结果送入OUT指定的存储单元。IN的有效范围是0~9999。

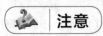 注意

在语句表中,IN和OUT可以是同一个地址(可以节省内存),这时语句表形式与

表 1-4-4 中的相同。若 IN 地址与 OUT 地址不同，则需要用传送指令将 IN 中的数值送到 OUT 中，再进行 BCD 码转换，如：

MOVW   IN, OUT

BCDI   OUT

【例 1-4-5】 BCDI 指令的应用如图 1-4-7 所示。有一个两位 8421BCD 拨码器，其中一个拨码器的 8、4、2、1 引脚分别与 I0.7、I0.6、I0.5、I0.4 连接，组成十进制数的十位；另一个拨码器的 8、4、2、1 引脚分别与 I0.3、I0.2、I0.1、I0.0 连接，组成十进制数的个位。当拨码器拨入十进制数 95 时，先将 95 变为 BCD 码 1001 0101，然后存入 VB1。再将 VW0 中的 BCD 码 0000 0000 1001 0101 转换为整数输出到 QW0。从图 1-4-7c 所示的工作过程可以看出，VW0 中存储的 BCD 码与 QW0 中存储的二进制数据完全不同。VW0 以 4 位 BCD 码为 1 组，从高至低分别是十进制数 0、0、9、5 的 BCD 码。

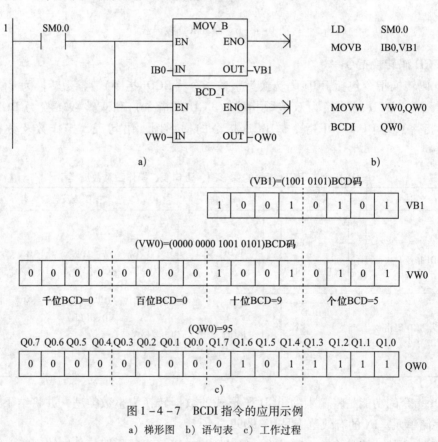

图 1-4-7　BCDI 指令的应用示例

a）梯形图　b）语句表　c）工作过程

【例 1-4-6】 IBCD 指令的应用如图 1-4-8 所示。当 I0.0 接通时，先将十进制数 5028 存入 VW0，然后将 VW0 转换为 BCD 码输出到 QW0。从图 1-4-8c 所示的工作过程可以看出，VW0 中存储的二进制数据与 QW0 中存储的 BCD 码完全不同。QW0 以 4 位 BCD 码为 1 组，从高至低分别是十进数 5、0、2、8 的 BCD 码。

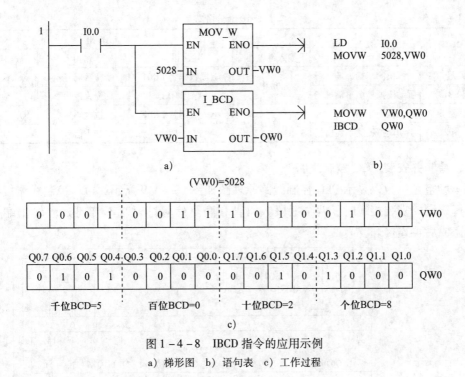

图 1 - 4 - 8　IBCD 指令的应用示例
a）梯形图　b）语句表　c）工作过程

 使用七段数码管显示多位十进制数码时，要并列使用多个七段数码管。以显示两位十进制数码为例，可以先用 IBCD 指令将两位十进制数据转换为 8 位 BCD 码（分别为十位 BCD 码和个位 BCD 码），然后将 BCD 码的高 4 位和低 4 位用段码指令分别译出七段显示码，最后用高 4 位和低 4 位的七段显示码分别控制十位的七段数码管和个位的七段数码管。

利用时钟指令可以调用系统实时时钟或根据需要设定时钟，这为实现控制系统的运行监视、运行记录以及所有与实时时钟有关的控制功能带来方便。时钟指令和 BCD 码转换指令常配合用于整点报时、定时闹钟等控制功能。扫描右侧二维码，可了解时钟指令的功能、表示形式和使用方法。

任务实施

一、分配 I/O 地址

根据任务分析，本任务需要使用一个入口传感器和一个出口传感器检测车辆进出。另外再增加两个按钮，分别和入口传感器、出口传感器并接，用来模拟检测车辆进出，以调整空车位数量。两个传感器和两个按钮属于输入设备，分配输入继电器。两个七段数码管、一个红灯和一个绿灯属于输出设备，分配输出继电器。I/O 地址分配见表 1 - 4 - 5。

表 1 - 4 - 5　　　　　　　　　　　　I/O 地址分配表

输入			输出		
输入设备	作用	输入继电器	输出设备	作用	输出继电器
入口传感器 SQ1	检测车辆进场	I0.0	七段数码管 LED1	个位数码显示	Q0.6 ~ Q0.0
按钮 SB1	手动模拟检测车辆进场		绿灯 HL1	允许信号	Q0.7
出口传感器 SQ2	检测车辆出场	I0.1	七段数码管 LED2	十位数码显示	Q1.6 ~ Q1.0
按钮 SB2	手动模拟检测车辆出场		红灯 HL2	禁止信号	Q1.7

二、绘制并安装 PLC 控制线路

停车场空车位数码显示 PLC 控制线路原理图如图 1 - 4 - 9 所示，PLC 控制线路接线图请读者自行绘制。安装接线时，两个七段数码管和两个信号灯暂时不接到 PLC 输出端，待模拟调试完成后再连接。

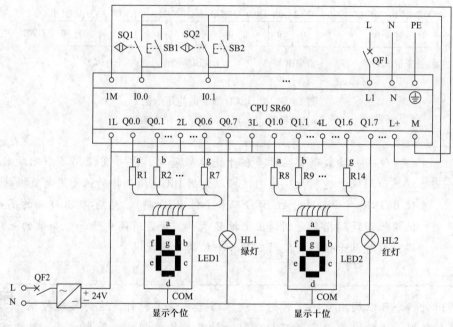

图 1 - 4 - 9　停车场空车位数码显示 PLC 控制线路原理图

三、设计梯形图程序

编辑符号表，如图 1 - 4 - 10 所示。

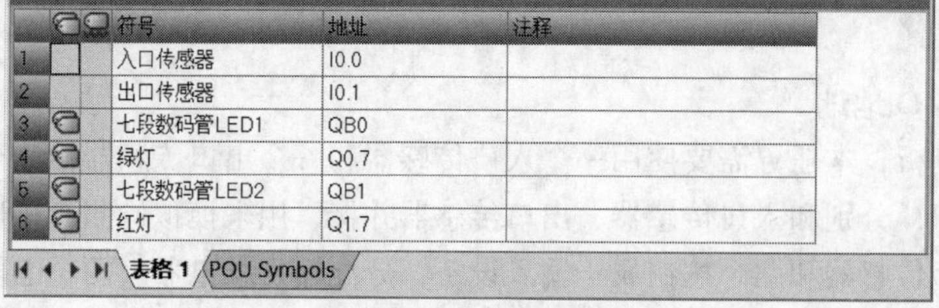

	符号	地址	注释
1	入口传感器	I0.0	
2	出口传感器	I0.1	
3	七段数码管LED1	QB0	
4	绿灯	Q0.7	
5	七段数码管LED2	QB1	
6	红灯	Q1.7	

图 1 - 4 - 10　符号表

1. 使用段码指令设计

使用段码指令设计的停车场空车位数码显示 PLC 控制程序如图 1-4-11 所示。

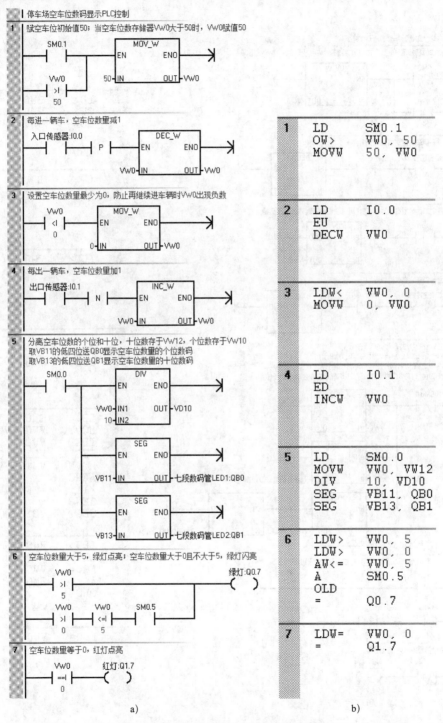

图 1-4-11 使用段码指令设计的停车场空车位数码显示 PLC 控制程序

a）梯形图 b）语句表

2. 使用 BCD 码转换指令和段码指令设计

使用 BCD 码转换指令和段码指令设计的停车场空车位数码显示 PLC 控制程序如图 1 – 4 – 12 所示。

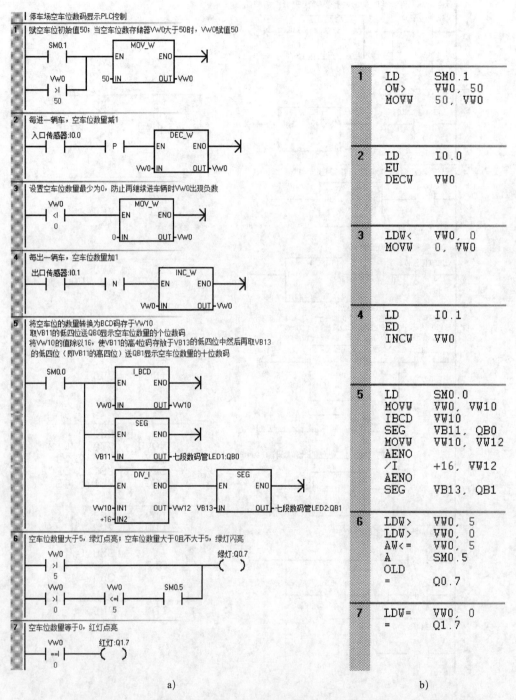

图 1 – 4 – 12 使用 BCD 码转换指令和段码指令设计的停车场空车位数码显示 PLC 控制程序

a) 梯形图 b) 语句表

小提示

本任务中，Q0.7（绿灯 HL1）和 Q1.7（红灯 HL2）与段码指令 SEG 的输出字节 QB0 和 QB1 有重叠，所以绿灯控制程序（程序段 6）和红灯控制程序（程序段 7）要置于段码指令（程序段 5）后才能正确实现控制要求。另外，图 1-4-12 中的程序段 5 也可以使用字右移位（SRW）指令代替整数除法指令分离两位十进制数的十位数码。

四、模拟调试

按照 PLC 用户程序模拟调试的方法，利用程序状态监控或状态图表监控进行模拟调试。

五、联机调试

模拟调试成功后，接上实际的负载，按照表 1-4-6 的步骤进行联机调试，同时注意观察和记录。

表 1-4-6　　　　　　　　　　　　联机调试记录表

步骤	操作内容	观察内容	观察结果
1	合上电源开关 QF1 和 QF2	以太网状态指示灯、CPU 状态指示灯、I/O 状态指示灯的状态，七段数码管及绿、红信号灯工作情况	
2	通过编程软件，将 PLC 置于 RUN 模式		
3	按下按钮 SB1，模拟进车	I/O 状态指示灯的状态，七段数码管及绿、红信号灯工作情况	
4	按下按钮 SB2，模拟出车		
5	使空车位数量小于或等于 5		
6	使空车位数量等于 0		
7	通过编程软件，将 PLC 置于 STOP 模式	CPU 状态指示灯和 I/O 状态指示灯的状态	
8	关断电源开关 QF1 和 QF2		

任务测评

清扫工作台面，整理技术文件，并参考表 1-1-7 进行任务测评。

任务5　闪烁灯闪烁频率 PLC 控制

学习目标

1. 掌握跳转/标号指令的功能、表示形式和使用方法。
2. 了解子程序的作用和建立方法。
3. 掌握子程序指令的功能、表示形式和使用方法。
4. 能运用跳转/标号指令和子程序指令设计闪烁灯闪烁频率 PLC 控制程序。
5. 能使用书签功能调试程序。

任务引入

　　闪烁灯在日常生活和生产中的应用非常广泛。闪烁灯既可以作为装饰安装在建筑物的表面，也可以为危险地段、危险物品或施工场所等提供警示作用。闪烁灯的闪烁频率可以调节，以显示不同的闪烁效果和指示信号。图 1 - 5 - 1 所示为建筑物上的闪烁灯效果图。

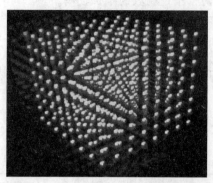

图 1 - 5 - 1　建筑物上的闪烁灯效果图

　　本任务要求应用 PLC 功能指令中的跳转/标号指令或子程序指令设计闪烁灯闪烁频率 PLC 控制系统，并完成安装和调试。控制要求如下：

　　1. 按下不同的按钮，闪烁灯以相应频率闪烁。若按下慢闪按钮，闪烁灯以 4 s 为周期闪烁；若按下中闪按钮，闪烁灯以 2 s 为周期闪烁；若按下快闪按钮，闪烁灯以 1 s 为周期闪烁。无论何时按下停止按钮，闪烁灯熄灭。

　　2. 具有短路保护等必要的保护措施。

　　设计闪烁灯闪烁频率 PLC 控制程序的方法有多种，本任务要求使用 PLC 功能指令中的跳转/标号指令或子程序指令来设计。跳转/标号指令和子程序指令属于程序控制类指令，使用跳转/标号指令或子程序指令来设计程序，可以使程序的结构简单清晰，易于调试、查错和维护，用来设计需要反复执行的程序段时，还可以缩短程序的执行时间。

　　实施本任务所使用的实训设备见表 1 - 5 - 1。

表 1 - 5 - 1　　　　　　　　　　　　　　实训设备清单

序号	设备名称	型号及规格	数量	单位	备注
1	微型计算机	装有 STEP 7 - Micro/WIN SMART 软件	1	台	
2	编程电缆	以太网电缆或 USB - PPI 电缆	1	条	
3	可编程序控制器	S7 - 200 SMART CPU SR60	1	台	配 C45 导轨
4	开关式稳压电源	S - 150 - 24，AC 220 V/DC 24 V，150W	1	台	
5	低压断路器	Multi9 C65N C20，单极	2	个	
6	按钮	LA19	4	个	
7	闪烁灯	ND16 - 22DS/2，DC 24 V	1	个	绿色
8	接线端子排	TB - 1520，20 位	1	条	
9	配电盘	600 mm × 900 mm	1	块	

相关知识

程序控制类指令用于对程序流程的控制，可以控制程序的结束、循环、跳转以及子程序或中断程序的调用等。合理应用程序控制类指令，可以使程序结构灵活、层次分明。

一、跳转/标号指令

1. 表示形式和功能

跳转指令（JMP 指令）、标号指令（LBL 指令）的梯形图、语句表、操作数及数据类型见表 1 − 5 − 2。

表 1 − 5 − 2　跳转/标号指令的梯形图、语句表、操作数及数据类型

指令名称	梯形图	语句表	操作数及数据类型	说明
跳转指令 （JMP 指令）	n —(JMP)	JUMP　n	常数 n：0 ~ 255 数据类型：WORD	跳转指令对程序中的标号"n"执行分支操作
标号指令 （LBL 指令）	n LBL	LBL　n		标号指令用于标记跳转目的地"n"的位置

跳转/标号指令的功能是当使能输入有效时，JMP 线圈有信号流过，使程序流程跳转到与 JMP 指令编号相同的标号 LBL 处，顺序执行标号指令以下的程序，而跳转指令与标号指令之间的程序不执行。若使能输入无效，JMP 线圈没有信号流过，则顺序执行跳转指令与标号指令之间的程序。

跳转/标号指令的使用如图 1 − 5 − 2 所示。在图 1 − 5 − 2a 中，当 I0.0 的常开触点断开时，JMP 线圈断电，跳转条件不满足，顺序执行程序段 2，当 I0.1 的常开触点闭合时，Q0.1 线圈通电。在图 1 − 5 − 2b 中，当 I0.0 的常开触点闭合时，JMP 线圈通电，跳转条件满足，跳转到标号 LBL 3 处，执行标号 LBL 3 以后的程序段，即执行程序段 4。而在 JMP 和 LBL 之间的指令一概不执行，即不执行程序段 2，对应的触点和线圈为灰色，此时不能用 I0.1 控制 Q0.1，Q0.1 保持跳转之前最后一个扫描周期的状态不变。在这个过程中，如果输入端子 I0.1 所在的输入回路接通，那么 I0.1 指示灯点亮，但是程序段 2 的 I0.1 常开触点不会闭合，Q0.1 不会有输出。

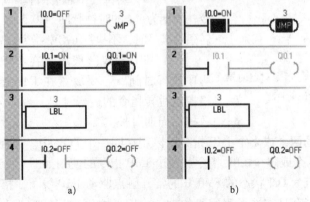

a)　　　　　　　　　　　　　b)

图 1 − 5 − 2　跳转/标号指令的使用

a）不执行跳转指令　b）执行跳转指令

2. 使用注意事项

（1）跳转/标号指令必须配合使用，可在主程序、子程序或中断程序中使用，但是只能用在同一个 POU（program organizational units，程序组织单元，如主程序、子程序、中断程序）中，不能在不同的 POU 之间跳转。

（2）在 SCR 段之间不能有跳入和跳出，也就是不能使用跳转/标号指令，但是可以在 SCR 段内使用跳转/标号指令，即标号指令和对应的跳转指令必须在同一个 SCR 段中。

（3）执行跳转后，被跳过程序段中的各元件的状态如下：

1）Q、M、S、C 等元件的位保持跳转前的状态。

2）计数器 C 停止计数，当前值寄存器保持跳转前的计数值。

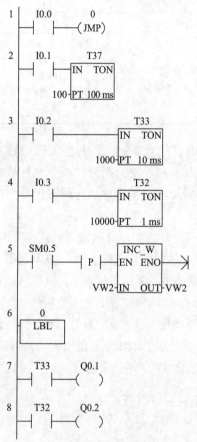

图 1-5-3 跳转/标号指令对定时器和功能指令的影响

3）对定时器而言，刷新方式的不同会导致工作状态不同。在跳转期间，定时精度为 1 ms 和 10 ms 的定时器会一直保持跳转前的工作状态，跳转前在工作的定时器会继续工作，到预设值后，其位的状态也会改变，输出触点动作，当前值寄存器一直累计到最大值 32 767 才停止。对于定时精度为 100 ms 的定时器，跳转期间停止工作，但不会复位，当前值寄存器中的当前值保持为跳转发生前的当前值，跳转结束后，若定时器输入条件允许，可继续计时，但已失去了准确计时的意义，所以跳转段中的定时器要慎重使用。

跳转/标号指令对定时器和功能指令的影响如图 1-5-3 所示。当 I0.0 为 OFF 时，跳转条件不满足，用 I0.1～I0.3 启动各定时器开始计时。计时时间未到时，令 I0.0 为 ON，跳转条件满足。100 ms 定时器 T37 停止计时，当前值保持不变。10 ms 和 1 ms 定时器 T33 和 T32 继续计时，计时时间到时，它们在跳转区外的触点也会动作。令 I0.0 为 OFF，停止跳转，100 ms 定时器在保持的当前值的基础上继续计时。

图 1-5-3 中，当跳转条件不满足时，执行 INCW 指令，周期为 1 s 的时钟脉冲 SM0.5 使 VW2 每秒加 1。当跳转条件满足时，不执行 INCW 指令，VW2 的值保持不变。

（4）LBL 指令一般放置在 JMP 指令之后，以减少程序执行时间。若要放置在 JMP 指令之前，则必须严格控制跳转指令的运行时间，否则会引起运行瓶颈，导致扫描周期过长。

（5）编号相同的两个或多个 JMP 指令可以用在同一个 POU 中。但在同一 POU 中，不可以使用相同编号的两个或多个 LBL 指令。多个 JMP 指令的使用如图 1-5-4 所示。

（6）如果用一直为 ON 状态的 SM0.0 的常开触点驱动 JMP 线圈，相当于无条件跳转。

（7）由于跳转指令具有选择程序段的功能，因此在同一段程序但位于因跳转而不会被同时执行的程序段中的同一个线圈不被视为双线圈。

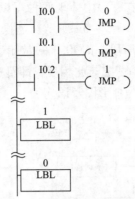

图 1 - 5 - 4　多个 JMP 指令的使用

通常情况下，S7 - 200 SMART 系列 PLC 不允许出现双线圈输出，但是只能保证在同一扫描周期内只执行其中一个线圈对应的逻辑运算，那么这样的双线圈输出是允许的。因此，以下两种情况允许双线圈输出：

（1）在跳转条件相反的两个程序段中，允许出现双线圈输出，即同一元件的线圈可以在两个程序段中分别出现一次。实际上 CPU 只执行正在处理的程序段中双线圈元件的一个线圈输出指令。

（2）在调用条件相反的两个子程序（如自动程序和手动程序）中，允许出现双线圈现象，即同一元件的线圈可以在两个子程序中分别出现一次。子程序中的指令只在该子程序被调用时才执行，没有被调用时不执行。

【例 1 - 5 - 1】　JMP/LBL 指令在工业现场控制中常用于工作方式的选择。如某台设备具有手动/自动两种操作方式，SA 是操作方式选择开关，当 SA 处于断开状态时，选择手动操作方式；当 SA 处于接通状态时，选择自动操作方式，不同操作方式的进程如下：

（1）手动操作方式进程：按下启动按钮 SB2，电动机运转；按下停止按钮 SB1 或电动机过载，电动机立即停止。

（2）自动操作方式进程：按下启动按钮 SB2，电动机连续运转 1 min 后自动停止。按下停止按钮 SB1 或电动机过载，电动机立即停止。

手动/自动控制电路的 I/O 地址分配见表 1 - 5 - 3。

表 1 - 5 - 3　　　　　　　　　　I/O 地址分配表

输入			输出		
输入设备	作用	输入继电器	输出设备	作用	输出继电器
热继电器 KH	过载保护	I0.0	接触器 KM	控制电动机	Q0.0
按钮 SB1	停止	I0.1			
按钮 SB2	启动	I0.2			
选择开关 SA	手动/自动选择	I0.3			

从控制要求中可以看出，需要在程序中体现两种可以任意选择的控制方式，运用跳转/标号指令可以满足控制要求。如图 1 - 5 - 5a 所示，当操作方式选择开关 SA 闭合时，I0.3 的常开触点闭合，跳过手动方式程序段，而 I0.3 的常闭触点断开，选择自动方式程序段执行。操作方式选择开关 SA 断开时的情况与此相反，即跳过自动方式程序段，选择手动方式程序段执行。图 1 - 5 - 5b、c 分别为梯形图及语句表。

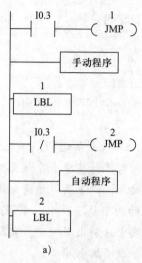

a)

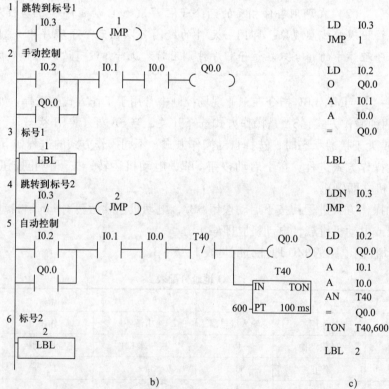

b)　　　　　　　　　　　　　　c)

图 1 - 5 - 5　手动/自动选择程序

a) 程序结构　b) 梯形图　c) 语句表

如果需要重复执行若干次同样的任务，可以使用程序控制类功能指令中的 FOR/NEXT 循环指令。扫描右侧二维码，可了解 FOR/NEXT 循环指令的功能、表示形式和使用方法。

二、子程序和子程序指令

1. 子程序的作用

通常将具有特定功能且需多次重复使用的程序段作为子程序，当其他程序需要子程序时可以调用它，而无须重复编写。子程序的调用是有条件的，未调用它时不会执行子程序的指令，因此使用子程序可以减少扫描时间。使用子程序还可以将程序分成容易管理的小块，使程序结构简单清晰，易于调试、查错和维护。

在子程序中应尽量使用局部存储器 L 中的局部变量，避免使用全局变量或全局符号，因为局部变量与其他 POU 几乎没有地址冲突，这样就可以很方便地将子程序移植到其他项目中。

每个 POU 都有自己的 64 B 的局部存储器 L。使用梯形图和功能块图时，将保留局部存储器的最后 4 B（LB60～LB63，用于调用参数）。

每个 POU 都有自己的变量表，称为局部变量表，在局部变量表中定义的变量称为局部变量。局部存储器 L 用来存放局部变量，局部变量只是局部有效。局部有效是指局部变量仅可由当前执行的 POU 进行访问，即局部变量仅在创建时所处的 POU 内部有效。

局部存储器 L 可以按位、字节、字、双字直接寻址。局部存储器 L 也可以作为间接寻址的指针，但是不能作为间接寻址的存储器区。

变量存储器 V 用来存放全局变量，全局变量是全局有效的。全局有效是指同一个变量可以被任何一个 POU 访问。在每个 POU 中均有效的全局符号只能在符号表中定义。I、Q、M、SM、AI、AQ、V、S、T、C、HC 地址区中的变量称为全局变量，在符号表中定义的上述地址区中的符号称为全局符号。

欲在程序中使用子程序，必须执行以下三项任务：

（1）建立子程序。

（2）在子程序局部变量表中定义参数（参数调用子程序时必须执行）。

（3）从适当的 POU（主程序、另一个子程序或中断程序）调用子程序。

2. 建立子程序的方法

建立子程序最简单的方法是右击程序编辑器中的空白处，然后单击"插入"→"子程序"即可，如图 1 - 5 - 6 所示。默认情况下，STEP 7 - Micro/WIN SMART 在创建项目时会自动生成一个子程序 SBR_0。

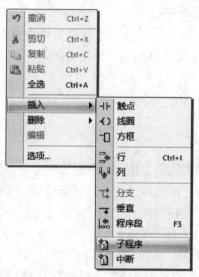

图 1 - 5 - 6　建立子程序的方法

也可以在"编辑"菜单功能区的"插入"区域中单击"对象"下拉列表按钮 ▼，然后单击"子程序"，或者在项目树中右击"程序块"，然后单击"插入"→"子程序"。程序编辑器将从原来的 POU 显示进入新的子程序，程序编辑器顶部出现标志新的子程序的新标签，在程序编辑器窗口中可以对新的子程序进行编程。右击项目树中的子程序图标或程序编辑器顶部的子程序的标签，单击"重命名"，可以修改子程序的名称。也可以右击程序编辑器顶部的子程序标签，单击"属性"，在"属性"对话框的"常规"选项卡下也可以修改子程序的名称。

3. 子程序指令

子程序指令包括子程序调用指令（CALL 指令）和子程序有条件返回指令（RET 指令），其梯形图和语句表见表 1 - 5 - 4。其中，CALL 指令的数据类型和操作数见表 1 - 5 - 5。

表 1 - 5 - 4　　　　　　　　　　　子程序指令的梯形图和语句表

指令名称	梯形图	语句表	说明
子程序调用指令 （CALL 指令）	SBR_n EN	CALL SBR_n，x1，x2，x3	子程序调用指令编写在主程序中，子程序的标号 n 的范围是 0 ~ 127。x1（IN）、x2（IN_OUT）和 x3（OUT）分别表示输入、输入_输出和输出子程序的三个调用参数。调用参数是可选的，可以选择 0 ~ 16 个调用参数
子程序有条件返回指令 （RET 指令）	—(RET)	CRET	STEP 7 - Micro/WIN SMART 自动在每个子程序中添加一个无条件返回。还可以在子程序中添加有条件返回指令，当条件成立时结束该子程序，返回原调用处的下一条指令开始执行

表 1-5-5   **CALL 指令的数据类型和操作数**

输入/输出	数据类型	操作数
SBR_n	WORD	常数 n：0~127
IN	BOOL	V、I、Q、M、SM、S、T、C、L、能流（LAD）、逻辑流（FBD）
	BYTE	VB、IB、QB、MB、SMB、SB、LB、AC、*VD、*LD、*AC[①]、常数
	WORD（INT）	VW、T、C、IW、QW、MW、SMW、SW、LW、AC、AIW、*VD、*LD、*AC[①]、常数
	DWORD（DINT）	VD、ID、QD、MD、SMD、SD、LD、AC、HC、*VD、*LD、*AC[①]、&VB、&IB、&QB、&MB、&T、&C、&SB、&AI、&AQ、&SMB、常数
	STRING	*VD、*LD、*AC[①]、常数
IN_OUT	BOOL	V、I、Q、M、SM[②]、S、T、C、L
	BYTE	VB、IB、QB、MB、SMB[②]、SB、LB、AC、*VD、*LD、*AC[①]
	WORD（INT）	VW、T、C、IW、QW、MW、SMW[②]、SW、LW、AC、*VD、*LD、*AC[①]
	DWORD（DINT）	VD、ID、QD、MD、SMD[②]、SD、LD、AC、*VD、*LD、*AC[①]
OUT	BOOL	V、I、Q、M、SM[②]、S、T、C、L
	BYTE	VB、IB、QB、MB、SMB[②]、SB、LB、AC、*VD、*LD、*AC[①]
	WORD（INT）	VW、T、C、IW、QW、MW、SMW[②]、SW、LW、AC、AQW、*VD、*LD、*AC[①]
	DWORD（DINT）	VD、ID、QD、MD、SMD[②]、SD、LD、AC、*VD、*LD、*AC[①]

注：①表示只允许 AC1、AC2 或 AC3（不允许 AC0）

②表示字节偏移必须为 30~999 才能进行读/写访问

子程序调用指令将程序控制权转交给子程序 SBR_n。子程序执行完毕后，控制权返回子程序调用指令的下一条指令。

子程序和调用程序共用累加器。由于子程序使用累加器，所以不对累加器执行保存或恢复操作。

在同一周期内多次调用子程序时，不应使用上升沿检测器、下降沿检测器、定时器和计数器指令。

4. 子程序的调用

可以在主程序、另一子程序或中断程序中调用子程序。在主程序中，可以嵌套调用子程序（即在子程序中调用子程序），最大嵌套深度为 8。在中断程序中，可嵌套的子程序深度为 4。允许递归调用（即子程序调用自己），但在子程序中进行递归调用时应慎重。

在梯形图程序中插入子程序调用指令时，首先打开程序编辑器窗口中需要调用子程序的 POU，确定需要调用子程序的位置。打开项目树中的"程序块"文件夹或"调用子程序"

文件夹，用鼠标左键按住需要调用的子程序图标，将它拖到目标位置，松开左键，子程序便被放置在该位置。也可以将矩形光标置于程序编辑器窗口中需要放置该子程序的位置，然后双击项目树中要调用的子程序，子程序方框将自动出现在光标所在的位置。

子程序调用指令的有效操作数为存储器地址、常数（只能用于输入参数）、全局符号和调用指令所在 POU 中的局部变量，不能指定为被调用子程序中的局部变量。

5. 子程序的有条件返回

子程序的有条件返回即在子程序中用触点电路控制 RET 线圈指令，触点电路接通时条件满足，子程序被停止执行，返回调用它的程序。

6. 子程序中的定时器

停止调用子程序时，子程序内的定时器线圈的 ON/OFF 状态保持不变。如图 1-5-7 所示，如果停止调用子程序时，该子程序内的定时器正在计时，100 ms 定时器将停止计时，当前值保持不变，重新调用子程序时继续计时；1 ms 定时器和 10 ms 定时器将继续计时，计时时间到，它们在子程序之外的触点也会动作。

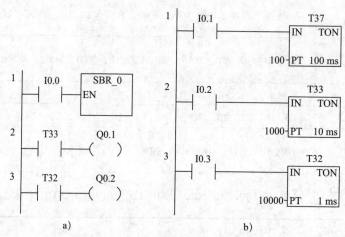

a) 主程序　b) 子程序 SBR_0

图 1-5-7　主程序与子程序 SBR_0

7. 子程序指令应用实例

【例 1-5-2】 当 I0.0 常开触点闭合时，执行手动程序；当 I0.0 常开触点断开时，执行自动程序。主程序、子程序 SBR_0、子程序 SBR_1 分别如图 1-5-8a、b、c 所示。

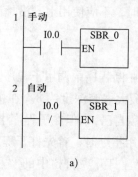

a)

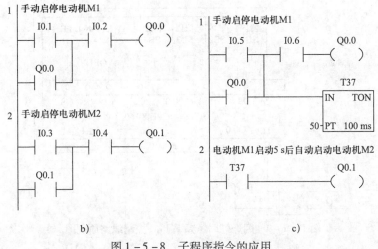

图 1－5－8　子程序指令的应用
a）主程序　b）子程序 SBR_0　c）子程序 SBR_1

可以带参数或不带参数调用子程序，带参数调用子程序涉及局部变量。扫描右侧二维码，可了解局部变量和带参数的子程序调用指令的使用用法。

任务实施

一、分配 I/O 地址
I/O 地址分配见表 1－5－6。

表 1－5－6　　　　　　　　　　　　I/O 地址分配表

输入		输出	
输入设备	输入继电器	输出设备	输出继电器
慢闪按钮 SB1	I0. 0	闪烁灯 HL	Q0. 0
中闪按钮 SB2	I0. 1		
快闪按钮 SB3	I0. 2		
停止按钮 SB4	I0. 3		

二、绘制并安装 PLC 控制线路
闪烁灯闪烁频率 PLC 控制线路原理图如图 1－5－9 所示，PLC 控制线路接线图请读者自行绘制。安装接线时，闪烁灯暂时不接到 PLC 输出端，待模拟调试完成后再连接。

三、设计梯形图程序
编辑符号表，如图 1－5－10 所示。

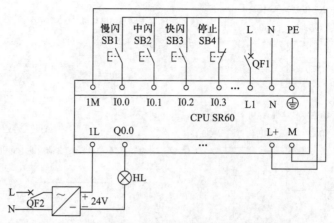

图 1 - 5 - 9 闪烁灯闪烁频率 PLC 控制线路原理图

	符号	地址	注释
1	慢闪按钮	I0.0	常开按钮
2	中闪按钮	I0.1	常开按钮
3	快闪按钮	I0.2	常开按钮
4	停止按钮	I0.3	常闭按钮
5	闪烁灯	Q0.0	

图 1 - 5 - 10 符号表

1. 使用跳转/标号指令设计

使用跳转/标号指令设计的闪烁灯闪烁频率 PLC 控制程序如图 1 - 5 - 11 所示。

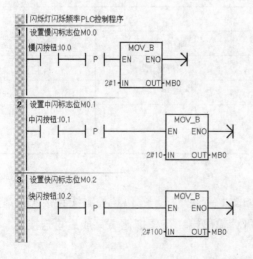

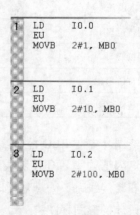

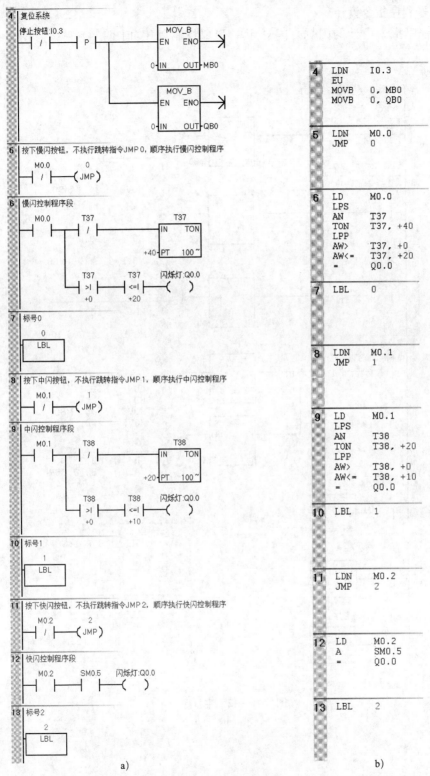

图 1-5-11 使用跳转/标号指令设计的闪烁灯闪烁频率 PLC 控制程序

a) 梯形图 b) 语句表

2. 使用子程序指令设计

使用子程序指令设计的闪烁灯闪烁频率 PLC 控制程序如图 1 - 5 - 12 ~ 图 1 - 5 - 15 所示。

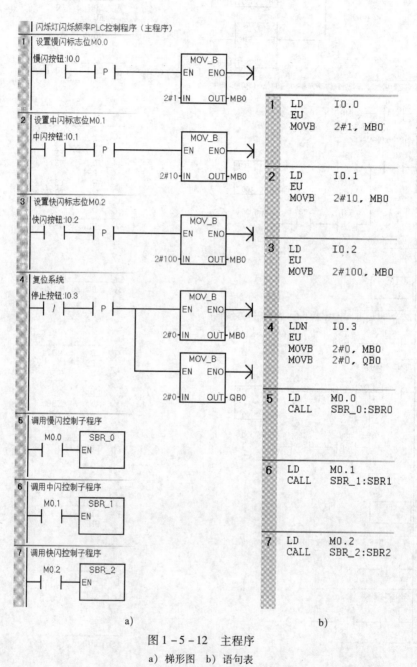

a)   b)

图 1 - 5 - 12 主程序

a）梯形图 b）语句表

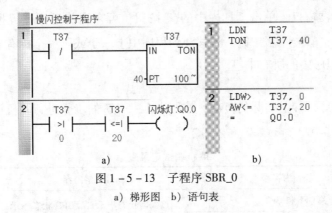

图 1 – 5 – 13　子程序 SBR_0

a）梯形图　b）语句表

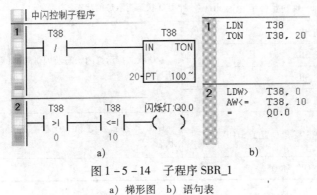

图 1 – 5 – 14　子程序 SBR_1

a）梯形图　b）语句表

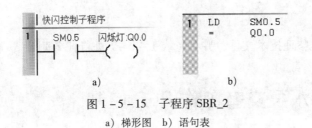

图 1 – 5 – 15　子程序 SBR_2

a）梯形图　b）语句表

四、模拟调试

按照 PLC 用户程序模拟调试的方法，利用程序状态监控或状态图表监控进行模拟调试。

除了利用程序状态监控或状态图表监控进行程序的模拟调试外，还可以在程序中设置书签（见图 1 – 5 – 16），以便在长程序或多个 POU 中的指定程序段间来回移动，有助于查看和模拟调试程序。

设置书签的方法

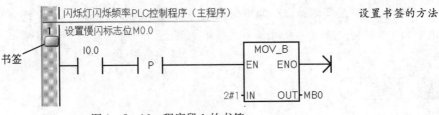

图 1 – 5 – 16　程序段 1 的书签

打开程序编辑器窗口，单击工具栏中的▢按钮，可在当前光标位置指定的程序段处设置或删除书签。单击▢或▢按钮，将移动到程序中上一个或下一个标有书签的程序段。单击▢按钮可删除程序中的所有书签。

五、联机调试

模拟调试成功后，接上实际的负载，按照表 1-5-7 的步骤进行联机调试，同时注意观察和记录。

表 1-5-7　　　　　　　　　　　　　　　　联机调试记录表

步骤	操作内容	观察内容	观察结果
1	合上电源开关 QF1 和 QF2	以太网状态指示灯、CPU 状态指示灯和 I/O 状态指示灯的状态	
2	通过编程软件，将 PLC 置于 RUN 模式		
3	按下慢闪按钮 SB1	I/O 状态指示灯的状态及闪烁灯 HL 工作情况	
4	按下中闪按钮 SB2		
5	按下快闪按钮 SB3		
6	按下停止按钮 SB4		
7	通过编程软件，将 PLC 置于 STOP 模式	CPU 状态指示灯和 I/O 状态指示灯的状态	
8	关断电源开关 QF1 和 QF2		

任务测评

清扫工作台面，整理技术文件，并参考表 1-1-7 进行任务测评。

任务6　两台水泵交替工作 PLC 控制

学习目标

1. 掌握逻辑运算指令的功能、表示形式和使用方法。
2. 了解中断事件的类型、中断优先级和中断程序。
3. 掌握中断指令的功能、表示形式和使用方法。
4. 能使用逻辑运算指令和中断指令编写两台水泵交替工作 PLC 控制程序。
5. 能使用交叉引用表对程序进行模拟调试。

任务引入

在日常生产中，一用一备的两台设备交替工作不仅便于设备维护和保养、延长设备使用寿命,也能保证生产的稳定性和连续性,提高生产质量和效率。图1-6-1所示为两台水泵抽水工作场景图。

图1-6-1 两台水泵抽水工作场景图

本任务要求使用 PLC 功能指令中的逻辑运算指令和定时中断指令,设计两台水泵交替工作 PLC 控制系统,并完成安装和调试。控制要求如下:

1. 按下启动按钮 SB1,第一台水泵开始工作,2 h 后,第二台水泵开始工作,同时第一台水泵停止工作;第二台水泵开始工作2 h 后,第一台水泵开始工作,同时第二台水泵停止工作,如此循环。当按下停止按钮 SB2 时,两台水泵立即停止工作。

2. 具有短路、过载保护等必要的保护措施。

分析本任务的控制要求可知,假设两台水泵分别由一台电动机拖动交替工作,使用基本控制指令即可完成 PLC 控制程序的设计。本任务要求使用 PLC 功能指令中的逻辑运算指令和定时中断指令设计控制系统。利用逻辑运算指令可以很方便地控制存储器位的值,实现两台水泵的自动切换。利用中断指令,可以实现两台水泵的定时切换和电动机过载保护、停机等突发情况的处理。中断指令是 PLC 指令系统中十分重要的一条功能指令,它能及时对突发事件进行处理,从而大大提高系统的实时性能。

实施本任务所使用的实训设备可参考表1-6-1。

表1-6-1   实训设备清单

序号	设备名称	型号及规格	数量	单位	备注
1	微型计算机	装有 STEP 7 - Micro/WIN SMART 软件	1	台	
2	编程电缆	以太网电缆或 USB - PPI 电缆	1	条	
3	可编程序控制器	S7 - 200 SMART CPU SR60	1	台	配 C45 导轨
4	低压断路器	Multi9 C65N C20,单极	2	个	
5	低压断路器	Multi9 C65N D20,三极	1	个	
6	熔断器	RT28 - 32/4	6	个	
7	按钮	LA10 - 2H	1	个	
8	交流接触器	CJX2 - 1211,线圈 AC 220 V	2	个	
9	热继电器	JR36 - 20,整定范围 1.5 ~ 2.4 A	2	个	

续表

序号	设备名称	型号及规格	数量	单位	备注
10	接线端子排	TB - 1520，20 位	1	条	
11	配电盘	600 mm × 900 mm	1	块	
12	三相异步电动机	Y80M2 - 4，0.75 kW	2	台	

相关知识

一、逻辑运算指令

逻辑运算指令的功能是对逻辑数（无符号数）进行处理，参与运算的操作数的数据类型可以是字节、字或双字。逻辑运算指令包括取反指令和与、或、异或、与非、或非、异或非指令，这里仅介绍取反指令和与、或、异或指令。

1. 取反指令

根据参与运算的操作数的不同，取反指令可分为字节取反指令、字取反指令和双字取反指令。取反指令的梯形图、语句表、操作数及数据类型见表 1 - 6 - 2。

表 1 - 6 - 2　　　　取反指令的梯形图、语句表、操作数及数据类型

指令名称	梯形图	语句表	操作数及数据类型
字节取反指令	INV_B EN　ENO IN　OUT	INVB　OUT	IN：VB、IB、QB、MB、SB、SMB、LB、AC、常数、*VD、*AC、*LD 数据类型：字节 OUT：VB、IB、QB、MB、SB、SMB、LB、AC、*VD、*AC、*LD 数据类型：字节
字取反指令	INV_W EN　ENO IN　OUT	INVW　OUT	IN：VW、IW、QW、MW、SW、SMW、T、C、AC、LW、AIW、常数、*VD、*AC、*LD 数据类型：字 OUT：VW、IW、QW、MW、SW、SMW、T、C、AC、LW、*VD、*AC、*LD 数据类型：字
双字取反指令	INV_DW EN　ENO IN　OUT	INVD　OUT	IN：VD、ID、QD、MD、SD、SMD、LD、常数、AC、HC、*VD、*LD、*AC 数据类型：双字 OUT：VD、ID、QD、MD、SD、SMD、LD、AC、*VD、*LD、*AC 数据类型：双字

注意

若 IN 地址与 OUT 地址相同，则语句表形式与表 1 - 6 - 2 中相同。若 IN 地址与 OUT 地址不同，则需要用传送指令将 IN 中的数值送到 OUT 中，再进行运算，如：

MOVB　IN，OUT

INVB　OUT

梯形图中，取反指令将输入 IN 中的二进制数逐位取反，即二进制数的各位由 0 变为 1，由 1 变为 0，并将运算结果装入输出参数 OUT 指定的地址。取反指令影响零标志位 SM1.0。

语句表中，取反指令将 OUT 中的二进制数逐位取反，并将运算结果装入 OUT 指定的地址。

【例 1-6-1】　如图 1-6-2 所示，当 I0.0 常开触点闭合时，执行字节取反指令，将 VB10 中的数据逐位取反，结果存放在 VB11 中。

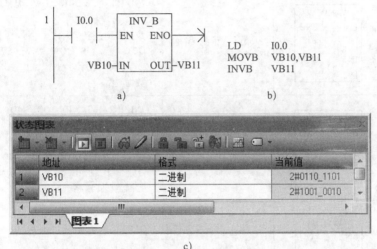

图 1-6-2　例 1-6-1 取反指令的应用

a）梯形图　b）语句表　c）状态图表监控

【例 1-6-2】　如图 1-6-3 所示，在 I0.0 的上升沿，求 VW0 中的整数的绝对值，结果仍然存放在 VW0 中。

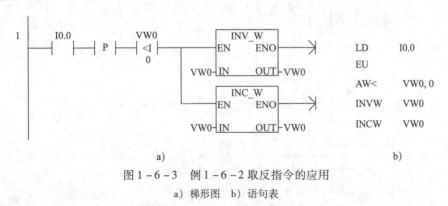

图 1-6-3　例 1-6-2 取反指令的应用

a）梯形图　b）语句表

2. 与、或、异或指令

根据参与运算的操作数的不同，与、或、异或指令可分为字节、字和双字的与、或、异或指令，其梯形图、语句表、操作数及数据类型见表 1 - 6 - 3。

表 1 - 6 - 3　　　　与、或、异或指令的梯形图、语句表、操作数及数据类型

指令名称	梯形图	语句表	操作数及数据类型
字节与指令	WAND_B EN　ENO IN1　OUT IN2	ANDB　IN1，OUT	IN1/IN2：VB、IB、QB、MB、SB、SMB、LB、AC、常数、＊VD、＊AC、＊LD 数据类型：字节 OUT：VB、IB、QB、MB、SB、SMB、LB、AC、＊VD、＊AC、＊LD 数据类型：字节
字与指令	WAND_W EN　ENO IN1　OUT IN2	ANDW　IN1，OUT	IN1/IN2：VW、IW、QW、MW、SW、SMW、T、C、AC、LW、AIW、常数、＊VD、＊AC、＊LD 数据类型：字 OUT：VW、IW、QW、MW、SW、SMW、T、C、AC、LW、＊VD、＊AC、＊LD 数据类型：字
双字与指令	WAND_DW EN　ENO IN1　OUT IN2	ANDD　IN1，OUT	IN1/IN2：VD、ID、QD、MD、SD、SMD、LD、常数、AC、HC、＊VD、＊LD、＊AC 数据类型：双字 OUT：VD、ID、QD、MD、SD、SMD、LD、AC、＊VD、＊LD、＊AC 数据类型：双字
字节或指令	WOR_B EN　ENO IN1　OUT IN2	ORB　IN1，OUT	同字节与指令
字或指令	WOR_W EN　ENO IN1　OUT IN2	ORW　IN1，OUT	同字与指令
双字或指令	WOR_DW EN　ENO IN1　OUT IN2	ORD　IN1，OUT	同双字与指令
字节异或指令	WXOR_B EN　ENO IN1　OUT IN2	XORB　IN1，OUT	同字节与指令

续表

指令名称	梯形图	语句表	操作数及数据类型
字异或指令	WXOR_W EN　ENO IN1　OUT IN2	XORW IN1，OUT	同字与指令
双字异或指令	WXOR_DW EN　ENO IN1　OUT IN2	XORD IN1，OUT	同双字与指令

注意

若 IN2 地址与 OUT 地址相同，则语句表形式与表 1 – 6 – 3 中相同。若 IN2 地址与 OUT 地址不同，则需要用传送指令将 IN1 中数值送到 OUT 中，再进行运算，如：

MOVB　IN1，OUT

ANDB　IN2，OUT

梯形图中，与、或、异或指令是分别对两个输入量 IN1 和 IN2 进行逻辑与、或、异或运算，运算结果存放在输出量 OUT 中。

语句表中，与、或、异或指令是对变量 IN1 和 OUT 进行逻辑运算，运算结果存放在 OUT 指定的地址中。

对字节、字、双字进行与运算时，如果两个操作数的同一位均为 1，那么运算结果的对应位为 1，否则为 0。进行或运算时，如果两个操作数的同一位均为 0，那么运算结果的对应位为 0，否则为 1。进行异或运算时，如果两个操作数的同一位数值不同，那么运算结果的对应位为 1，否则为 0。这些指令影响零标志位 SM1.0。

【例 1 – 6 – 3】 字节与、字节或、字节异或指令的应用如图 1 – 6 – 4 所示。

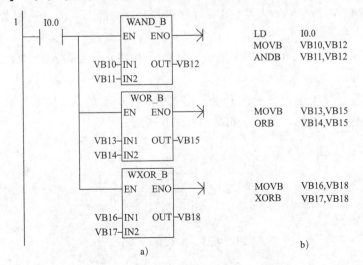

a)　　　　　　　　　　b)

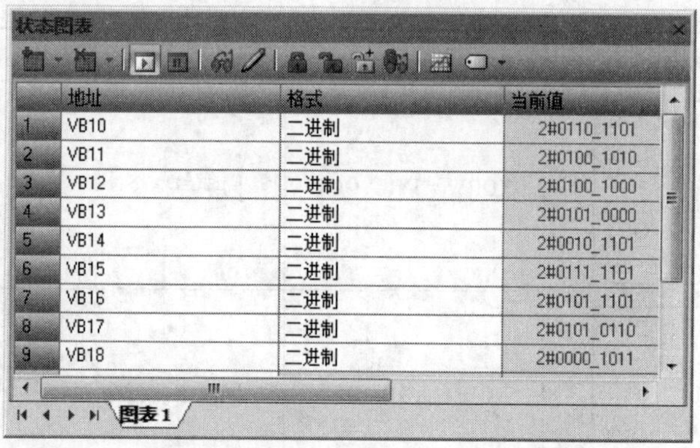

	地址	格式	当前值
1	VB10	二进制	2#0110_1101
2	VB11	二进制	2#0100_1010
3	VB12	二进制	2#0100_1000
4	VB13	二进制	2#0101_0000
5	VB14	二进制	2#0010_1101
6	VB15	二进制	2#0111_1101
7	VB16	二进制	2#0101_1101
8	VB17	二进制	2#0101_0110
9	VB18	二进制	2#0000_1011

c）

图 1-6-4　字节与、字节或、字节异或指令的应用

a）梯形图　b）语句表　c）状态图表监控

小提示　在状态图表中生成用二进制格式监控的 VB10 后，选中 VB10，然后按“Enter”键，将会自动生成具有相同显示格式的下一个字节 VB11，用这样的方法可以快速生成要监控的 VB10 ~ VB18 这 9 个字节。

【例 1-6-4】　要求在 I0.3 的上升沿，用 IW4 的低 12 位读取 3 位拨码开关的 BCD 码，IW4 的高 4 位另作他用。使用与指令编写的梯形图程序如图 1-6-5 所示。

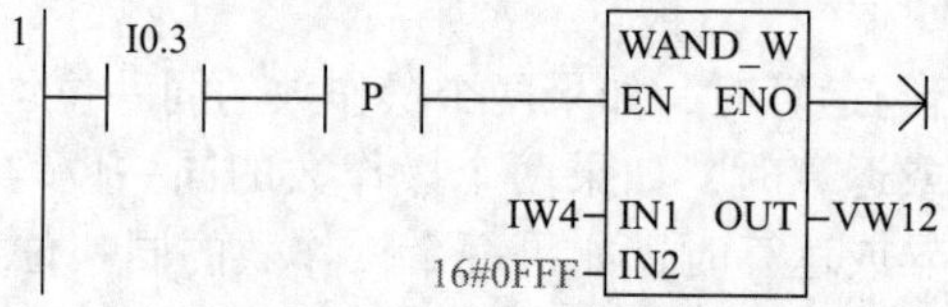

图 1-6-5　与指令的应用

图中的 WAND_W 指令的输入参数 IN2（16#0FFF）的最高 4 位二进制数为 0，低 12 位为 1。IW4 的某一位和 1 进行与运算，运算结果不变；和 0 进行与运算，运算结果为 0。因此，运算结果 VW12 的低 12 位与 IW4 的低 12 位（3 位拨码开关输入的 BCD 码）的值相同，VW12 的高 4 位为 0。

【例 1-6-5】　要求在 I0.3 的上升沿，用或指令将 QB0 的低 3 位置为 1，其余各位保持不变。使用或指令编写的梯形图程序如图 1-6-6 所示。

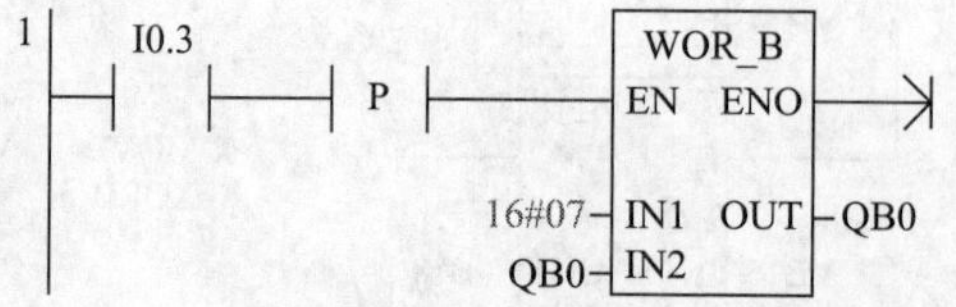

图 1-6-6　或指令的应用

图中，WOR_B 指令的输入参数 IN1（16#07）的最低 3 位为 1，其余各位为 0。QB0 的某一位和 1 进行或运算，运算结果为 1，和 0 进行或运算，运算结果不变。因此，无论 QB0 最低 3 位为 0 或 1，逻辑或运算后这几位总是为 1，其他位不变。

【例 1 – 6 – 6】 两个相同的字节进行异或运算后，运算结果的各位均为 0。图 1 – 6 – 7 中的 VB14 中是上一个扫描周期 IB0 的值。如果 IB0 至少有一位的状态发生了变化，那么前、后两个扫描周期 IB0 的值的异或运算结果 VB15 的值为非 0，图中的比较触点接通，将 M10.0 置位。状态发生了变化的位的异或运算结果为 1，异或运算后将 IB0 的值保存到 VB14，供下一次异或运算时使用。

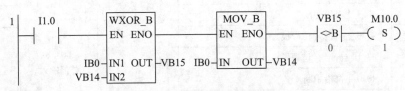

图 1 – 6 – 7 异或指令的应用

二、中断程序和中断指令

当 CPU 执行正常程序时，若系统中出现了某些急需处理的特殊请求（称为中断事件或中断源），CPU 会暂时中断正在执行的程序，转而对随机发生的更加紧急的事件进行处理（称为执行中断程序）。该中断事件处理完毕后，CPU 自动返回原来被中断的程序继续执行。执行中断程序前、后，系统会自动保护被中断的程序的运行环境，因此不会造成混乱。

1. 中断事件的类型

中断功能是用中断程序及时地处理中断事件，中断事件与用户程序的执行时序无关，无法事先预测有些中断事件何时发生。S7 – 200 SMART 系列 PLC 的中断事件分为通信端口中断、I/O 中断和基于时间的中断三大类型，且每个中断事件分配有一个编号，以便于识别，中断事件及其优先级见表 1 – 6 – 4。

表 1 – 6 – 4　　　　　　　　　　中断事件及其优先级

中断事件编号	中断事件描述	优先级分组	组内类型	组内优先级
8	通信端口 0：接收字符			0
9	通信端口 0：发送完成		通信端口 0	0
23	通信端口 0：接收消息完成	通信端口中断（最高）		0
24 *	通信端口 1：接收消息完成			1
25 *	通信端口 1：接收字符		通信端口 1	1
26 *	通信端口 1：发送完成			1

续表

中断事件编号	中断事件描述	优先级分组	组内类型	组内优先级
19 *	PTO0 脉冲计数完成		脉冲串输出	0
20 *	PTO1 脉冲计数完成			1
34 *	PTO2 脉冲计数完成			2
45 *	PTO3 脉冲计数完成			3
0	I0.0 上升沿中断		外部输入	4
2	I0.1 上升沿中断			5
4	I0.2 上升沿中断			6
6	I0.3 上升沿中断			7
35 *	I7.0 上升沿（信号板）			8
37 *	I7.1 上升沿（信号板）			9
1	I0.0 下降沿中断			10
3	I0.1 下降沿中断			11
5	I0.2 下降沿中断	I/O 中断（中等）		12
7	I0.3 下降沿中断			13
36 *	I7.0 下降沿（信号板）			14
38 *	I7.1 下降沿（信号板）			15
12	HSC0 CV = PV（当前值 = 预设值）中断		高速计数器	16
27	HSC0 计数方向改变中断			17
28	HSC0 外部信号复位中断			18
13	HSC1 CV = PV（当前值 = 预设值）中断			19
16	HSC2 CV = PV（当前值 = 预设值）中断			20
17	HSC2 计数方向改变中断			21
18	HSC2 外部信号复位中断			22
32	HSC3 CV = PV（当前值 = 预设值）中断			23
29 *	HSC4 CV = PV（当前值 = 预设值）中断			24
30 *	HSC4 计数方向改变中断			25
31 *	HSC4 外部信号复位中断			26
33 *	HSC5 CV = PV（当前值 = 预设值）中断			27
43 *	HSC5 计数方向改变中断			28
44 *	HSC5 外部信号复位中断			29
10	定时中断 0，SMB34	基于时间的中断（最低）	定时	0
11	定时中断 1，SMB35			1
21	定时器 T32 CT = PT 中断		定时器	2
22	定时器 T96 CT = PT 中断			3

注：S7 - 200 SMART 紧凑型 CPU CR40 和 CPU CR60 模块不支持表 1 - 6 - 4 中标有 * 的中断事件。

（1）通信端口中断

通信端口中断包括通信端口 0 和通信端口 1 产生的中断。S7 – 200 SMART 可以通过用户程序来控制串行通信端口，通信端口的这种操作模式称为自由端口模式。在该模式下，用户程序定义比特率、每个字符的位数、奇偶校验和协议，接收消息完成、发送消息完成、接收到一个字符均可以产生中断事件，简化了程序对通信的控制。S7 – 200 SMART 系列 PLC 共有 6 种通信端口中断事件。

（2）I/O 中断

I/O 中断包括脉冲串输出（pulse train output，PTO）中断、外部输入中断和高速计数器（high speed counter，HSC）中断。

脉冲串输出中断在指定的脉冲数完成输出时立即进行响应。脉冲串输出中断的典型应用为步进电动机的控制。

CPU 可以为输入通道 I0.0、I0.1、I0.2 和 I0.3（以及带有可选数字量输入信号板的标准型 CPU 模块的输入通道 I7.0 和 I7.1）生成输入上升沿/下降沿中断。可对每个输入点进行上升沿和下降沿事件的捕捉，这些上升沿/下降沿事件可用于指示事件发生时必须立即处理的状况。

高速计数器中断可以对以下情况做出响应：当前值达到预设值；与轴旋转方向反向的计数方向发生改变或计数器外部复位。这些高速计数器中断事件均可触发实时执行的操作，而 PLC 的扫描工作方式不能快速响应这些事件。

通过将中断程序连接到相关 I/O 事件来启用上述各中断。

（3）基于时间的中断

基于时间的中断包括定时中断和定时器 T32/T96 中断。

定时中断用来执行一个周期性的操作，周期以 ms 为单位，时间范围为 1 ~ 255 ms。对于定时中断 0，将周期值写入 SMB34；对于定时中断 1，将周期值写入 SMB35。当达到设定周期值时，定时器溢出，执行指定的定时中断程序。如果定时中断事件已经被连接到一个定时中断程序，若要改变定时中断的时间间隔，必须先修改 SMB34 或 SMB35 的值，然后重新将中断程序连接到定时中断事件上。如果 PLC 退出 RUN 状态或定时中断被分离，则定时中断将被禁止。如果执行了全局中断禁止指令（DISI 指令），定时中断事件仍然会出现，但不会处理其连接的中断程序。每次定时中断出现均排队等候，直至中断启用或队列已满。通常用定时中断以固定的时间间隔控制模拟量输入的采样或执行一个 PID 回路。

定时器 T32/T96 中断可及时响应指定时间间隔的结束，仅 1 ms 分辨率的定时器 T32 和 T96 支持此类中断。中断被启用后，当定时器的当前值等于预设值、CPU 的 1 ms 定时器刷新时，执行被连接的中断程序。定时器 T32/T96 中断的优点是最大定时时间为 32.767 s，比定时中断的 255 ms 大得多。

2. 中断优先级

PLC 应用过程中通常有多个中断事件。当多个中断事件同时向 CPU 申请中断时，要求 CPU 能够将全部中断事件按中断性质和轻重缓急进行排队，并依照优先级高低逐个处理。

S7 – 200 SMART CPU 规定的中断优先级分组由高到低依次是通信端口中断、I/O 中断、基于时间的中断，每类中断优先级分组中又有不同的组内优先级，详见表 1 - 6 - 4。

在上述三个优先级分组范围内，CPU 按照先来先服务的原则处理中断，任何时刻只能执行一个用户中断程序。若一个中断程序开始执行则必须执行完毕，即使另一个中断程序的优先级较高，也不能中断正在执行的中断程序。正在处理其他中断时，发生的中断事件排队等待处理。三个中断队列最多能保存的中断数量（队列深度）和队列溢出状态位见表 1 - 6 - 5。

表 1 - 6 - 5   各中断队列的队列深度和队列溢出状态位

中断队列	队列深度	队列溢出状态位
通信端口中断	4	SM4.0
I/O 中断	16	SM4.1
基于时间的中断	8	SM4.2

如果中断事件的产生过于频繁，中断产生的速度比可以处理的速度快，或者中断被 DISI 指令禁止，那么中断队列溢出状态位（见表 1 - 6 - 5）被置 1。只应在中断程序中使用这些位，因为当队列清空或返回主程序时这些位会被复位。

如果多个中断事件同时发生，则优先级（组和组内）会确定先处理哪一个中断事件。处理了优先级最高的中断事件之后，会检查队列，查找仍在队列中的当前优先级最高的事件，并会执行连接到该事件的中断程序。CPU 按照上述规则持续执行，直至队列为空且控制权返回主程序的扫描周期。

3. 中断程序

中断程序由用户编写，但不是由用户程序调用，而是当中断事件发生时由操作系统调用，使系统对特殊的内部或外部事件进行响应。系统响应中断时自动保存逻辑堆栈、累加器和某些特殊标志存储器位，即保护现场。中断处理完成后，又自动恢复这些单元原来的状态，即恢复现场。由于无法预知系统何时调用中断程序，在中断程序中不能改写其他程序使用的存储器，因此中断程序中应尽量使用局部变量，并妥善分配各 POU 使用的全局变量，保证中断程序不会破坏其他 POU 使用的全局变量中的数据。在中断程序中，可以调用四个嵌套级别的子程序。累加器和逻辑堆栈在中断程序和从中断程序调用的四个嵌套级别子程序之间是共享的。

中断处理提供对特殊内部事件或外部事件的快速响应。中断程序越短越好，以缩短中断程序的执行时间，避免导致主程序控制设备的异常。中断程序不能嵌套，即中断程序不能再被中断。

在编写中断程序前，应先创建中断程序。新建项目时会自动生成中断程序 INT_0。S7 - 200 SMART 最多可以使用 128 个中断程序（INT_0 ~ INT_127）。创建中断程序的方法有以下几种：

（1）在"编辑"菜单功能区的"插入"区域中，单击"对象"下拉列表按钮 ▼，然后单击"中断"。

（2）在项目树中，右击"程序块"，然后单击"插入"→"中断"。

（3）右击程序编辑器中的空白处，然后单击"插入"→"中断"。

程序编辑器从之前的 POU 显示更改为新中断程序，其顶部会出现一个新标记，代表新的中断程序。有多个中断程序时，要分别编号。创建中断程序时，系统会自动编号，编号可以更改。

在中断程序中，不能使用 DISI、ENI（中断启用）、HDFE（高速计数器定义）、FOR/NEXT、LSCR、END 等指令。

4. 中断指令

中断指令共有 6 条，包括中断连接指令（ATCH 指令）、中断分离指令（DTCH 指令）、清除中断事件指令（CEVNT 指令）、中断启用指令（ENI 指令）、中断禁止指令（DISI 指令）和从中断有条件返回指令（CRETI 指令），其梯形图、语句表、操作数及数据类型见表 1 – 6 – 6。

表 1 – 6 – 6　　　　　　　中断指令的梯形图、语句表、操作数及数据类型

指令名称	梯形图	语句表	操作数及数据类型
中断连接指令 （ATCH 指令）	ATCH EN　ENO INT EVNT	ATCH　INT, EVNT	
中断分离指令 （DTCH 指令）	DTCH EN　ENO EVNT	DTCH　EVNT	INT：中断程序编号（0～127） EVNT：中断事件编号（0～13、16～38、43 和 44） 数据类型：字节
清除中断事件指令 （CEVNT 指令）	CLR_EVNT EN　ENO EVNT	CEVNT　EVNT	
中断启用指令 （ENI 指令）	—（ ENI ）	ENI	无操作数
中断禁止指令 （DISI 指令）	—（ DISI ）	DISI	无操作数
从中断有条件返回指令 （CRETI 指令）	—（ RETI ）	CRETI	无操作数

中断连接指令的功能是将中断事件（EVNT）与中断程序编号（INT）相关联，并启用中断事件。激活一个中断程序前，必须使中断事件和该事件发生时希望执行的中断程序间建

立一种联系。中断事件由中断事件编号指定，中断程序由中断程序编号指定。为某个中断事件指定中断程序后，该中断事件被自动允许处理。

中断分离指令的功能是断开中断事件与所有中断程序之间的联系，从而禁用该中断事件。

清除中断事件指令的功能是从中断队列中清除所有的中断事件，该指令可以用来清除不需要的中断事件。如果要清除虚假的中断事件，应先分离事件。否则，执行该指令后，新的事件将增加到队列中。

中断启用指令的功能是全局性地启用对所有连接的中断事件的处理。

中断禁止指令的功能是全局性地禁止处理所有被连接的中断事件，允许中断排队等候，但是不允许执行中断程序，直到用 ENI 指令重新允许中断。

从中断有条件返回指令的功能是当控制它的逻辑条件满足时从中断程序返回，编程软件自动为各中断程序添加无条件返回指令。

5. 中断程序的执行

程序开始运行时，CPU 默认禁止所有中断。执行 ENI 指令后，则允许所有中断。

在 CPU 自动调用中断程序之前，应使用 ATCH 指令，建立中断事件和该事件发生时希望执行的中断程序之间的关联。只有执行了 ENI 指令和 ATCH 指令，出现对应的中断事件时，CPU 才会执行连接的中断程序。否则，该事件将被添加到中断事件队列中。

正在执行中断程序时，如果又有中断事件发生，将会按照发生的时间顺序和优先级排队。

执行完中断程序的最后一条指令后，将会从中断程序返回，继续执行被中断的操作。可以通过执行 CRETI 指令退出中断程序。

执行 DTCH 指令，将取消中断事件和中断程序之间的关联，从而禁止单独的中断事件。DTCH 指令使对应的中断返回未被激活或被忽略的状态。

可以将多个中断事件连接到一个中断程序，但不能将一个中断事件连接到多个中断程序。

6. 中断程序实例

（1）I/O 中断的应用

【例 1 - 6 - 7】 在 I0.0 的上升沿应用中断程序使 Q0.0 立即置位，在 I0.1 的下降沿应用中断程序使 Q0.0 立即复位。程序设计如图 1 - 6 - 8 ~ 图 1 - 6 - 10 所示。

执行立即置位指令（SI 指令）或立即复位指令（RI 指令）时，从指定地址开始的 N 个连续的物理输出点将被立即置位或复位，$N = 1 \sim 255$。操作数 N 可以是 IB、QB、VB、MB、SMB、SB、LB、AC、常数、*VD、*AC、*LD，数据类型为字节。SI/RI 指令只能用于过程映像输出寄存器 Q，新值被同时写入对应的物理输出点和过程映像输出寄存器。而置位指令（S 指令）与复位指令（R 指令）仅是将新值写入过程映像输出寄存器。

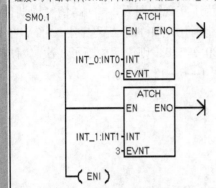

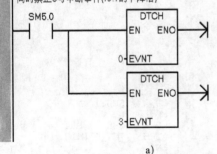

图 1-6-8 例 1-6-7 主程序
a) 梯形图 b) 语句表

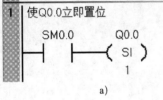

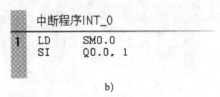

图 1-6-9 例 1-6-7 中断程序 INT_0
a) 梯形图 b) 语句表

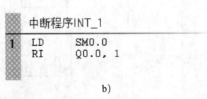

图 1-6-10 例 1-6-7 中断程序 INT_1
a) 梯形图 b) 语句表

（2）定时中断的应用

【例 1-6-8】 用定时中断 0 实现周期为 2 s 的高精度定时，并在 QB0 端口以加 1 形式输出。定时中断的定时时间间隔最长为 255 ms，为了实现周期为 2 s 的高精度周期性操作定时，将定时中断的定时时间间隔设为 250 ms，在定时中断 0 的中断程序中，将 VB0 累加 1，然后用字节比较指令判断 VB0 是否等于 8。若 VB0 等于 8，则说明中断了 8 次，对应的时间间隔为 2 s，使 QB0 加 1，程序如图 1-6-11、图 1-6-12 所示。

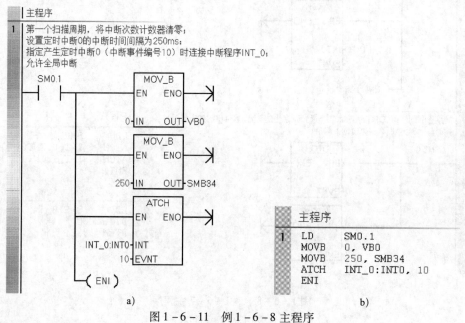

图 1-6-11　例 1-6-8 主程序

a）梯形图　b）语句表

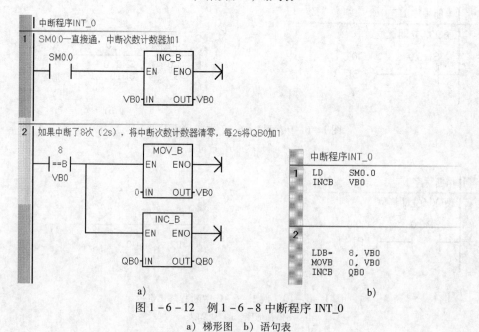

图 1-6-12　例 1-6-8 中断程序 INT_0

a）梯形图　b）语句表

（3）定时器中断的应用

【例1-6-9】 使用定时器 T32 中断控制 8 盏节日彩灯，每 3 s 循环左移 1 位。1 ms 定时器 T32 定时时间到时产生中断事件，中断事件编号为21。程序如图 1-6-13、图 1-6-14 所示。

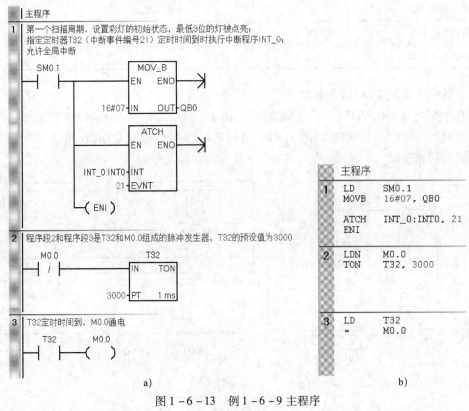

图 1-6-13 例 1-6-9 主程序

a）梯形图 b）语句表

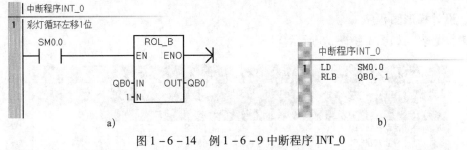

图 1-6-14 例 1-6-9 中断程序 INT_0

a）梯形图 b）语句表

任务实施

一、分配 I/O 地址

I/O 地址分配见表 1-6-7。

表 1 - 6 - 7 I/O 地址分配表

输入		输出	
输入设备	输入继电器	输出设备	输出继电器
启动按钮 SB1	I0.0	接触器 KM1	Q0.0
停止按钮 SB2	I0.1	接触器 KM2	Q0.1
热继电器 KH1	I0.2		
热继电器 KH2	I0.3		

二、绘制并安装 PLC 控制线路

两台水泵交替工作 PLC 控制线路原理图如图 1 - 6 - 15 所示，PLC 控制线路接线图请读者自行绘制。安装时，接触器 KM1 和 KM2 暂时不接到 PLC 输出端 Q0.0 和 Q0.1，待模拟调试程序通过后再连接。

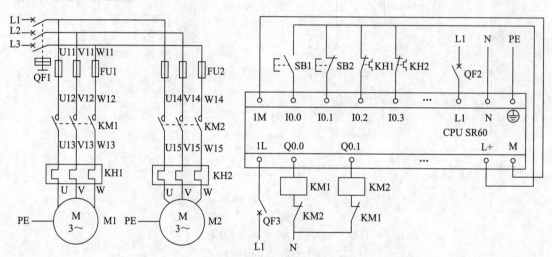

图 1 - 6 - 15 两台水泵交替工作 PLC 控制线路原理图

三、设计梯形图程序

编辑符号表，如图 1 - 6 - 16 所示。

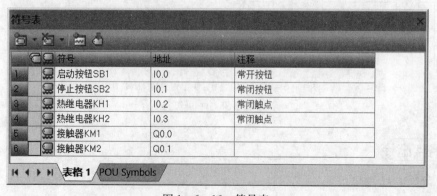

图 1 - 6 - 16 符号表

两台水泵交替工作 PLC 控制程序如图 1 – 6 – 17 所示。

本任务程序的设计使用了逻辑与指令，也可以使用复位指令和传送指令对 Q0.0 和 Q0.1 进行清零。使用逻辑指令的好处是能很方便地控制操作数的某一位或某几位，而不影响同一个操作数的其他位。本任务中，如果输出点 Q0.2 ~ Q0.7 被使用，在对 Q0.0 和 Q0.1 进行操作时，为了不影响 Q0.2 ~ Q0.7，就可以使用与指令 ANDB 16#FC，QB0。

下载程序前，利用系统块将存储器 MB1 和 MD2 设置为断电保持（见图 1 – 6 – 18），这样即使电动机因过载而停止工作，下一次启动时该台电动机仍可以继续工作，并且在上次电动机停止时对应的定时累计数值基础上继续累计时间。

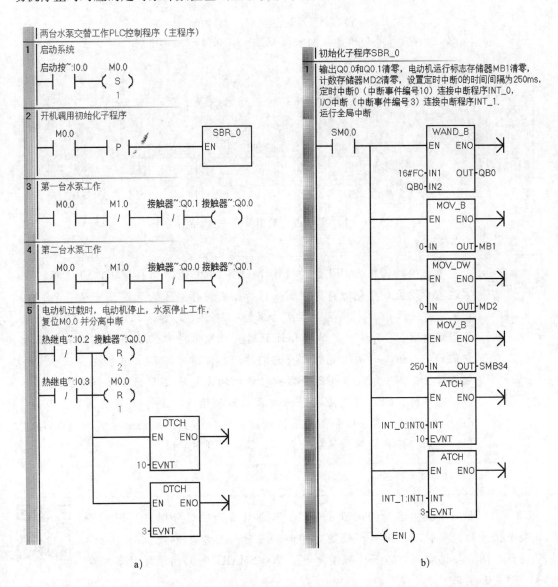

a)

b)

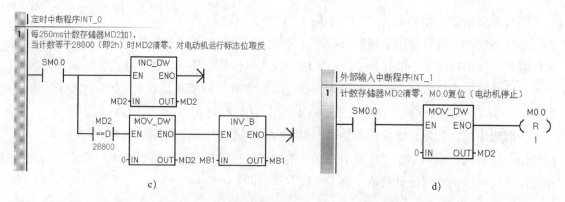

c)　　　　　　　　　　　d)

图 1-6-17　两台水泵交替工作 PLC 控制程序

a）主程序　b）子程序 SBR_0　c）中断程序 INT_0　d）中断程序 INT_1

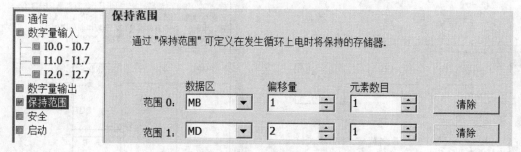

图 1-6-18　设置断电数据保持的地址范围

　单击项目树中的 CPU，勾选图 1-6-18 中的"保持范围"复选框，在右边窗口设置 6 个电源掉电时需要保持数据的存储区的范围，可以将 V、M、T 和 C 存储区中的地址范围定义为保持。对于定时器，只能保持 TONR（保持型定时器），而对于定时器和计数器，只能保持它们的当前值，不能保持它们的状态位，每次上电时都将它们的状态位清零。可以组态最多 12 KB 的数据保持范围（标准型 CPU 模块）。默认的设置是 CPU 未定义保持区域。

断电时，CPU 将指定的保持型存储器的值保存到永久存储器。上电时，CPU 首先将 V、M、C 和 T 存储器清零，将数据块中的初始值复制到 V 存储器，然后将保存的保持值从永久存储器复制到 RAM。

S7-200 SMART 提供了时间间隔定时器，可以计算两次信号触发的时间间隔和某个信号的持续时间。例如，使用时间间隔定时器可以很方便地统计电动机的运行时间。扫描右侧二维码，可了解 S7-200 SMART 时间间隔定时器指令的表示形式和使用方法。

四、模拟调试

按照 PLC 用户程序模拟调试的方法，利用程序状态监控或状态图表监控进行模拟调试。

除了利用程序状态监控或状态图表监控进行程序的模拟调试，还可以使用交叉引用表查看和模拟调试程序。交叉引用表用于检查程序中参数当前的赋值情况，可以防止无意间的重复赋值。必须成功编译程序后才能查看交叉引用表，交叉引用表并不下载到 PLC。

交叉引用表的使用方法

打开项目树中的"交叉引用"文件夹，双击其中的"交叉引用""字节使用"或"位使用"，或单击导航栏中的 按钮，都可以打开交叉引用表，交叉引用表如图 1-6-19 所示。

图 1-6-19 交叉引用表

a）交叉引用 b）字节使用 c）位使用

交叉引用表可以列举出程序中使用的各编程元件在程序中出现的位置及使用的指令，还可以查看已经被使用的存储区域是作为位、字节、字还是双字使用。

双击交叉引用表中的某一行，可以显示出该行的操作数和指令所在的程序段。交叉引用表中的 按钮可以切换地址的显示方式。

小提示　本任务的两台水泵交替工作时间是 2 h，延时时间过长，模拟调试时可以将 MD2 值由 28 800（对应 2 h）改为 40（对应 10 s），以加快模拟调试速度。待模拟调试结束后再还原 MD2 的实际赋值。

五、联机调试

模拟调试成功后，接上实际的负载，按照表 1 - 6 - 8 的步骤进行联机调试，同时注意观察和记录。

表 1 - 6 - 8　　　　　　　　　　　　联机调试记录表

步骤	操作内容	观察内容	观察结果
1	合上电源开关 QF1、QF2 和 QF3	以太网状态指示灯、CPU 状态指示灯和 I/O 状态指示灯的状态	
2	通过编程软件，将 PLC 置于 RUN 模式		
3	按下启动按钮 SB1	I/O 状态指示灯的状态及接触器 KM1、KM2 工作情况	
4	按下停止按钮 SB2		
5	按下启动按钮 SB1		
6	手动模拟热继电器 KH1 或 KH2 动作		
7	通过编程软件，将 PLC 置于 STOP 模式	CPU 状态指示灯和 I/O 状态指示灯的状态	
8	关断电源开关 QF1、QF2 和 QF3		

任务测评

清扫工作台面，整理技术文件，并参考表 1 - 1 - 7 进行任务测评。

任务7　箱体包装工序 PLC 控制

学习目标

1. 了解旋转编码器的原理和应用。

2. 熟悉高速计数器的工作模式、输入点和运行特点。

3. 掌握高速计数器指令的功能、表示形式和使用方法。

4. 掌握高速计数器的初始化及动态参数编程方法。

5. 能使用高速计数器指令编写箱体包装工序 PLC 控制程序。

任务引入

图 1 – 7 – 1 所示为箱体包装工序控制系统示意图。箱体用传送带输送，传感器 A 用来检测箱体是否到达，封箱机 B 用于封装箱体，喷码机 C 用于对封装完成的箱体进行喷码。旋转编码器将电动机的转速转化为脉冲信号，再用高速计数器对转速脉冲信号进行计数，以精确控制箱体包装工序。

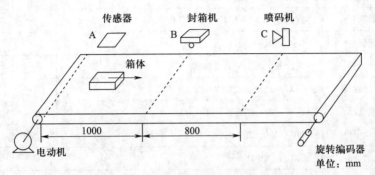

图 1 – 7 – 1　箱体包装工序控制系统示意图

本任务要求使用 PLC 功能指令中的高速计数器指令，设计箱体包装工序 PLC 控制系统，并完成安装和调试。控制要求如下：

1. 按下启动按钮，电动机开始工作，带动传送带输送箱体，并在按下停止按钮前，始终保持运转。当传感器 A 检测到箱体时，高速计数器开始计数，当计数到 1 000 个脉冲时，箱体刚好到达封箱机下方进行封箱。假设封箱过程需 500 个脉冲，封箱完成后封箱机停止工作。箱体继续前行，当计数脉冲又累加 300 个时，喷码机开始喷码，喷码过程需 5 s，喷码结束后，整个工作过程结束。按下停止按钮，电动机停止工作，传送带停止输送箱体，高速计数器停止计数。

2. 具有短路保护等必要的保护措施。

PLC 提供了高速计数器指令，可以精确控制箱体包装工序。S7 – 200 SMART 标准型 CPU 模块有 6 个高速计数器（紧凑型 CPU 模块有 4 个高速计数器）。由于高速计数器的输入端无法像普通输入端一样由用户自由定义，而是由系统指定的输入点输入信号。因此，一旦选择某个高速计数器在某种工作模式下工作，就必须按系统指定的 PLC 输入点接入旋转编码器，以输入高速计数脉冲信号。同时，旋转编码器也需要按照要求进行安装和接线，确保产生需要的脉冲信号。

高速计数器指令包括高速计数器定义指令（HDEF 指令）和高速计数器执行指令（HSC 指令）。使用高速计数器指令设计梯形图程序时，为了减少程序运行时间、优化程序结构，一般以子程序的形式先对高速计数器进行初始化，即使用 HDEF 指令和 HSC 指令分别定义、激活高速计数器。因此，本任务的梯形图程序采用主程序和子程序结构。

实施本任务所使用的实训设备见表 1 – 7 – 1。

表 1 - 7 - 1　　　　　　　　　　　　　　实训设备清单

序号	设备名称	型号及规格	数量	单位	备注
1	微型计算机	装有 STEP 7 - Micro/WIN SMART 软件	1	台	
2	编程电缆	以太网电缆或 USB - PPI 电缆	1	条	
3	可编程序控制器	S7 - 200 SMART CPU SR60	1	台	配 C45 导轨
4	低压断路器	Multi9 C65N C20，单极	2	个	
5	旋转编码器	欧姆龙 E6B2 - CWZ6C，500 P/R，0.5 m	1	个	NPN 输出
6	按钮	LA4 - 2H	1	个	
7	接近传感器	欧姆龙 E2E - X7D1S M18	1	个	直流二线式
8	交流接触器	CJX2 - 1211，线圈 AC 220 V	3	个	
9	热继电器	JR36 - 20，整定范围 1.5 ~ 2.4 A	3	个	
10	接线端子排	TB - 1520，20 位	1	条	
11	配电盘	600 mm × 900 mm	1	块	
12	三相异步电动机	Y80M2 - 4，0.75 kW	3	台	

📖 相关知识

一、旋转编码器

旋转编码器是一种通过光电转换将输出轴上的角位移、角速度等转换为相应的电脉冲的传感器。根据输出脉冲与对应位置（角度）关系的不同，旋转编码器通常分为增量式旋转编码器和绝对式旋转编码器，如图 1 - 7 - 2 所示。

a)　　　　　　　　　b)

图 1 - 7 - 2　旋转编码器实物图

a）增量式旋转编码器　b）绝对式旋转编码器

1. 增量式旋转编码器

增量式旋转编码器通常与高速计数器配合用于电动机转速测量等场合，它一般安装在电动机轴上，用于测量电动机的实际转速，然后反馈给变频器或 PLC。增量式旋转编码器的码盘上有均匀刻制的光栅。当码盘旋转时，输出与转角的增量成正比的脉冲，用高速计数器来计算脉冲数。根据输出信号数量的不同，增量式旋转编码器分为以下三种：

（1）单通道增量式旋转编码器

单通道增量式旋转编码器内部只有一对光电耦合器，只能产生一相（A 相）脉冲序列，用于单方向计数和单方向测速。

（2）双通道增量式旋转编码器

双通道增量式旋转编码器又称为 A/B 相型编码器，内部有两对光电耦合器，能输出相位差为90°的两路（A、B相）独立的脉冲序列。正转和反转时两路脉冲的超前、滞后关系刚好相反。A/B 相型编码器用于正反向计数、判断和测速。

图1-7-3所示为双通道增量式旋转编码器的工作原理示意图。编码器由连接轴、支撑轴承、光栅、光电码盘、光源、聚光镜、光栏板、光敏元件、信号处理电路等组成。

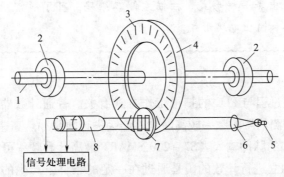

图1-7-3　双通道增量式旋转编码器的工作原理示意图

1—连接轴　2—支撑轴承　3—光栅　4—光电码盘

5—光源　6—聚光镜　7—光栏板　8—光敏元件

当光电码盘随连接轴一起转动时，光源通过聚光镜，透过光电码盘和光栏板形成忽明忽暗的光信号，光敏元件把光信号转换成电信号，产生两组近似于正弦波的电流信号 A 与 B，两者的相位相差90°，经放大、整形电路变成方波，如图1-7-4所示。若 A 相超前 B 相，表明电动机正向旋转；若 B 相超前 A 相，表明电动机反向旋转。若以该方波的前沿或后沿产生计数脉冲，可以形成代表正向位移和反向位移的脉冲序列。

图1-7-4　双通道增量式旋转编码器的输出波形

a）编码器正转　b）编码器反转

（3）三通道增量式旋转编码器

三通道增量式旋转编码器内部除了具有双通道增量式旋转编码器的两对光电耦合器，能输出相位差为90°的两路独立的脉冲序列外，在光电码盘的另外一个通道还有一个透光段，每转1圈输出一个脉冲，该脉冲称为 Z 相零位脉冲，用于系统清零信号或作为坐标的原点，以减少测量的累积误差。三通道增量式旋转编码器用于正反向计数、判断、测速和位置测量。

2. 绝对式旋转编码器

绝对式旋转编码器一般安装在手柄的下方，用于将手柄的位置信号转换为速度指令传给 PLC。N 位绝对式旋转编码器有 N 个码道，最外层的码道对应编码的最低位。每个码道有一个光电耦合器，用来读取该码道的 0、1 数据。绝对式旋转编码器输出的 N 位二进制数（格雷码）反映了运动物体所处的绝对位置，根据位置的变化情况，可以判别旋转的方向。

旋转编码器的信号输出有电压输出、集电极开路（PNP、NPN）输出、推拉互补输出、长线驱动输出等多种形式。扫描右侧二维码，可了解常用增量式旋转编码器的型号、规格和输出电路形式。

二、高速计数器

普通计数器的计数过程与 PLC 的扫描工作方式有关。普通计数器的工作频率很低，一般仅为几十赫兹，当被测信号的频率较高时，将会丢失计数脉冲。高速计数器用来累计频率比 PLC 扫描频率高得多的脉冲输入（S7－200 SMART 最高计数频率可达 200 kHz），它是脱离 PLC 的扫描周期而独立进行计数的，是通过在一定的条件下产生的中断事件来完成计数操作。

S7－200 SMART 标准型 CPU 模块有六个高速计数器 HSC0～HSC5（紧凑型 CPU 模块有四个高速计数器 HSC0～HSC3），可以设置八种不同的工作模式（模式 0、1、3、4、6、7、9 和 10）。

1. 高速计数器的工作模式

S7－200 SMART 的高速计数器有八种工作模式，分为以下四类：

（1）具有内部方向控制功能的单相时钟计数器（模式 0、1）。用高速计数器的控制字节的第 3 位来控制加计数或减计数，该位为 1 时为加计数，为 0 时为减计数。

（2）具有外部方向控制功能的单相时钟计数器（模式 3、4）。方向输入信号为 1 时为加计数，为 0 时为减计数。

（3）具有加、减时钟脉冲输入的双相时钟计数器（模式 6、7）。若加计数脉冲和减计数脉冲上升沿出现的时间间隔不足 0.3 μs，则高速计数器认为这两个事件是同时发生的，当前值不变，也不会有计数方向变化的指示。反之，高速计数器能捕捉到每一个独立事件。

（4）A/B 相正交计数器（模式 9、10）。A/B 相时钟脉冲的相位互差 90°，正转时 A 相时钟脉冲超前 B 相 90°，反转时 A 相时钟脉冲滞后 B 相 90°。利用这一特点可以实现正转时加计数，反转时减计数。

A/B 相正交计数器可以选择 1 倍速（1×）模式（见图 1－7－5）和 4 倍速（4×）模式（见图 1－7－6），1 倍速模式在时钟脉冲的每一个周期计 1 次数，4 倍速模式在两个时钟脉冲的上升沿和下降沿都要计数，因此在时钟脉冲的每一个周期计 4 次数。

双相时钟计数器的两个时钟脉冲可以同时工作在最大速率，全部高速计数器可以同时以最大速率运行，互不干扰。

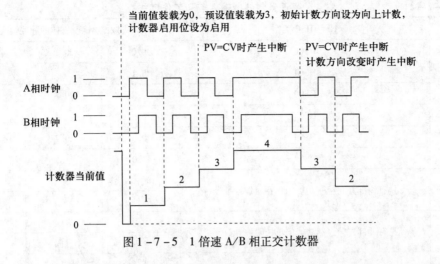

图 1-7-5 1倍速 A/B 相正交计数器

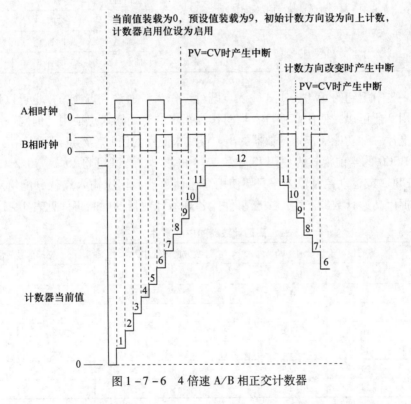

图 1-7-6 4倍速 A/B 相正交计数器

根据有无外部复位输入，上述四类工作模式又分别分为两种，因此 S7-200 SMART 的高速计数器有八种工作模式，其中工作模式 1、4、7、10 有外部复位功能。

2. 高速计数器的输入点

高速计数器的输入点由系统指定，每个高速计数器都有针对它所支持的脉冲输入（时钟、方向和复位）的专用输入点。高速计数器的输入点和工作模式见表 1-7-2，信号板或扩展模块上的输入点不能用于高速计数器。

表 1 - 7 - 2　　　　　　　　　　　高速计数器的输入点和工作模式

模式	HSC/HSC 类型	输入点分配/支持的脉冲输入		
	HSC0	I0.0	I0.1	I0.4
	HSC1	I0.1	—	—
—	HSC2	I0.2	I0.3	I0.5
	HSC3	I0.3	—	—
	HSC4	I0.6	I0.7	I1.2
	HSC5	I1.0	I1.1	I1.3
0	具有内部方向控制功能的单相时钟计数器	时钟	—	—
1		时钟	—	复位
3	具有外部方向控制功能的单相时钟计数器	时钟	方向	—
4		时钟	方向	复位
6	具有加、减时钟脉冲输入的双相时钟计数器	加时钟	减时钟	—
7		加时钟	减时钟	复位
9	A/B 相正交的计数器	时钟 A	时钟 B	—
10		时钟 A	时钟 B	复位

表 1 - 7 - 2 中用到的 I0.0 ~ I1.3 输入点既可以作为普通输入点使用，也可以作为边沿中断输入点使用，还可以在使用高速计数器时作为指定的专用输入点使用，但同一个输入点只能同时选择上述一种功能。高速计数器的当前模式未使用的任何输入点都可以用于其他功能。例如，如果 HSC0 的当前模式为使用 I0.0 和 I0.4 的模式 1，则可将 I0.1、I0.2 和 I0.3 用于边沿中断、HSC3 或运动控制输入。只要使用高速计数器，相应输入点就分配给对应的高速计数器，捕捉由高速计数器产生的中断事件。各高速计数器的中断事件见表 1 - 7 - 3。

表 1 - 7 - 3　　　　　　　　　　　高速计数器的中断事件

HSC	当前值等于预设值中断		计数方向改变中断		外部信号复位中断	
	事件号	优先级	事件号	优先级	事件号	优先级
HSC0	12	15	27	16	28	17
HSC1	13	18	—	—	—	—
HSC2	16	19	17	20	18	21
HSC3	32	22	—	—	—	—
HSC4	29	23	30	24	31	25
HSC5	33	26	43	27	44	28

高速计数器 HSC0、HSC2、HSC4 和 HSC5 支持工作模式 (0，1)、(3，4)、(6，7) 和 (9，10)。HSC1 和 HSC3 由于只有一个时钟脉冲输入，只支持工作模式 0。扫描右侧二维码，可了解 S7 - 200 SMART 高速计数器的最大时钟/输入速率、支持的工作模式及工作模式选择对高速计数器计数操作的影响。

3. 高速计数器的运行特点

高速计数器一般与增量式旋转编码器一起使用。增量式旋转编码器每转发出一定数量的计数脉冲和一个复位脉冲，作为高速计数器的输入。

每个高速计数器内部都存储着一个 32 位当前值（CV）和一个 32 位预设值（PV）。高速计数器开始运行时装入第一个预设值，当前计数值小于预设值时，设置的输出为 ON。当前计数值等于预设值或有外部复位信号时，产生中断。发生当前计数值等于预设值的中断时，装入新的预设值，并设置下一阶段的输出。出现复位中断事件时，装入第一个预设值和设置第一组输出状态，以重复该循环。

由于中断事件发生的频率远远低于高速计数器的计数频率，因此能够在对整个 PLC 扫描周期影响相对较小的情况下实现对高速运动的精确控制。通过中断，可在独立的中断程序中执行每次的新预设值装载操作，从而实现简单的状态控制。此外，也可在单个中断程序中处理所有中断事件。

三、高速计数器指令

高速计数器指令的梯形图、语句表、操作数及数据类型见表 1-7-4。

表 1-7-4　　　高速计数器指令的梯形图、语句表、操作数及数据类型

指令名称	梯形图	语句表	操作数及数据类型
高速计数器定义指令 （HDEF 指令）	HDEF EN　ENO HSC MODE	HDEF　HSC，MODE	HSC：高速计数器的编号常数（0~5） 数据类型：字节 MODE：工作模式的编号常数（0、1、3、4、6、7、9 或 10） 数据类型：字节
高速计数器执行指令 （HSC 指令）	HSC EN　ENO N	HSC　N	N：高速计数器的编号常数（0~5） 数据类型：字

HDEF 指令用输入参数 HSC 指定高速计数器 HSC0~HSC5，用输入参数 MODE 设置工作模式，工作模式定义了高速计数器的时钟、方向和复位功能，这两个参数的数据类型均为字节。每个高速计数器只能使用一条 HDEF 指令，可以在第一个扫描周期用 HDEF 指令来定义高速计数器。

HSC 指令用于启动编号为 N 的高速计数器，N 的数据类型为字。HSC 指令根据高速计数器特殊存储器位的状态和 HDEF 指令指定的工作模式，控制高速计数器执行高速计数工作。高速计数器最多可组态为八种不同的工作模式，每个高速计数器都有专用于时钟、方向控制和复位的输入。

使用高速计数器之前，必须执行 HDEF 指令以选择高速计数器的工作模式。使用首次扫描特殊存储器位 SM0.1（首次扫描时，该位为 ON，后续扫描时为 OFF）直接执行 HDEF 指

令，或调用包含 HDEF 指令的子程序。激活复位输入时，会清除当前值，并在禁用复位输入之前保持清除状态。

1. 高速计数器的控制字节

除了定义高速计数器的工作模式，还要设置高速计数器的有关控制字节。每个高速计数器均有一个控制字节，它决定了高速计数器的复位有效电平、计数速率、方向控制（仅限模式 0 和模式 1）、初始计数方向（模式 3、4、6、7、9、10）、新预设值加载控制、新当前值加载控制、HSC 启用或禁用。高速计数器的控制字节见表 1 − 7 − 5。

表 1 − 7 − 5　　　　　　　　　　　　　高速计数器的控制字节

HSC0	HSC1	HSC2	HSC3	HSC4	HSC5	说明
SM37.0	不支持	SM57.0	不支持	SM147.0	SM157.0	复位的有效电平控制位：0 = 高电平激活时复位；1 = 低电平激活时复位
未用	未用	未用	未用	未用	未用	保留
SM37.2.	不支持	SM57.2	不支持	SM147.2	SM157.2	A/B 相正交计数器的计数速率：0 = 4 × 计数速率；1 = 1 × 计数速率
SM37.3	SM47.3	SM57.3	SM137.3	SM147.3	SM157.3	计数方向控制位：0 = 减计数；1 = 加计数
SM37.4	SM47.4	SM57.4	SM137.4	SM147.4	SM157.4	向 HSC 写入计数方向：0 = 不更新；1 = 更新计数方向
SM37.5	SM47.5	SM57.5	SM137.5	SM147.5	SM157.5	向 HSC 写入新预设值：0 = 不更新；1 = 更新预设值
SM37.6	SM47.6	SM57.6	SM137.6	SM147.6	SM157.6	向 HSC 写入新当前值：0 = 不更新；1 = 更新当前值
SM37.7	SM47.7	SM57.7	SM137.7	SM147.7	SM157.7	HSC 启用：0 = 禁用 HSC；1 = 启用 HSC

（1）使用 HDEF 指令设置复位有效电平和计数速率

HSC0、HSC2、HSC4 和 HSC5 各有两个控制位（SM37.0 和 SM37.2、SM57.0 和 SM57.2、SM147.0 和 SM147.2、SM157.0 和 SM157.2）用于组态复位的激活状态并选择 1 × 或 4 × 计数模式（仅限 A/B 相正交计数器）。这些控制位位于各自高速计数器的控制字节内，仅当执行 HDEF 指令时才会使用。

执行 HDEF 指令之前，必须将这两个控制位设置为所需状态。否则，高速计数器会采用所选工作模式的默认组态。复位输入的默认设置为高电平有效，A/B 相正交计数器的计数速率默认设置为 4 ×（4 倍速）。执行 HDEF 指令后，将无法再更改高速计数器的设置，除非先将 CPU 设为 STOP 模式。

（2）使用 HSC 指令设置计数方向、加载新预设值/新当前值和启用/禁用计数器

HSC 指令在执行期间使用控制字节。分配高速计数器和工作模式之后，即可对高速计数器的动态参数进行编程。

【例 1 − 7 − 1】 图 1 − 7 − 7 所示为 HDEF 指令的使用示例。第一次扫描时，将 16#F8

（2#1111 1000）送入 SMB37，将复位输入设为高电平有效并选择 4 × 模式。将 HSC0 组态为具有复位输入的 A/B 相正交计数器（模式 10）。

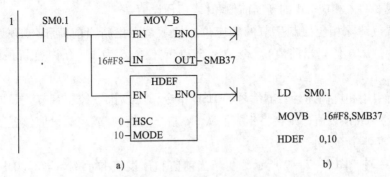

图 1 − 7 − 7　HDEF 指令的使用示例
a）梯形图　b）语句表

2. HSC 当前值的读取

只能使用后面带有高速计数器标识符编号（0、1、2、3、4 或 5）的数据类型 HC0 ~ HC5（注意，不是 HSC0 ~ HSC5）读取每个高速计数器的当前值。无论何时想要读取当前值，都可以在状态图表或用户程序中使用 HC 数据类型进行读取。HC 数据为只读数据，故不能使用 HC 数据类型将新的当前计数值写入高速计数器。可以使用 HC 数据类型读取当前值，但不能直接读取预设值。HC 数据类型的数据长度为双字（32 位）。

【例 1 − 7 − 2】　图 1 − 7 − 8 所示为读取并保存高速计数器的当前值示例。当 I0.3 从 OFF 转换为 ON 时，将 HSC0 的当前值保存到 VD200 中。

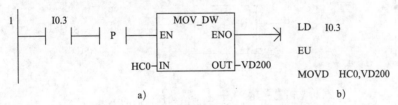

图 1 − 7 − 8　读取并保存高速计数器的当前值示例
a）梯形图　b）语句表

3. 当前值和预设值的设置

若要将新的当前值和/或预设值载入高速计数器，则必须对控制字节以及保存所需新当前值和/或新预设值的特殊存储器双字进行设置。同时，必须执行 HSC 指令将新值传送到高速计数器中。表 1 − 7 − 6 列出了用于保存新当前值和新预设值的双字类型特殊存储器。

表 1 − 7 − 6　　　　用于保存新当前值和新预设值的双字类型特殊存储器

加载值	HSC0	HSC1	HSC2	HSC3	HSC4	HSC5
新当前值（新 CV）	SMD38	SMD48	SMD58	SMD138	SMD148	SMD158
新预设值（新 PV）	SMD42	SMD52	SMD62	SMD142	SMD152	SMD162

执行以下步骤［步骤（1）、（2）的执行顺序对结果无影响］，将新当前值和/或新预设值写入高速计数器：

（1）加载要写入相应 SM 的新当前值和/或新预设值。

（2）设置或清除相应控制字节的相应位，指示是否更新当前值和/或预设值（位 x.5 代表预设值，位 x.6 代表当前值）。令位 x.5 和/或位 x.6 为 1，允许更新预设值和/或当前值。

（3）执行引用相应高速计数器编号的 HSC 指令，可以检查控制字节。如果控制字节指定更新当前值和/或预设值，则会将相应值从 SM 新当前值和/或新预设值位置复制到高速计数器的内部寄存器中。

【例 1 – 7 – 3】 图 1 – 7 – 9 所示为更新当前值和预设值的示例。当 I2.0 从关断转换为接通时，HSC0 的当前值更新为 1 000，预设值更新为 2 000。

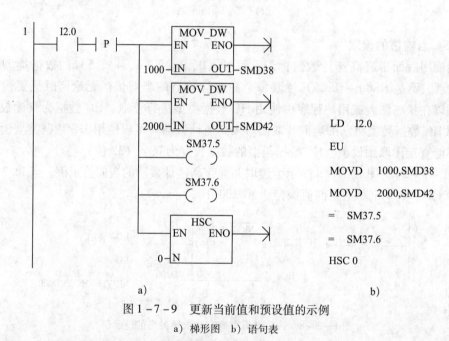

图 1 – 7 – 9 更新当前值和预设值的示例

a）梯形图 b）语句表

4. HSC 中断程序的附加

当 HSC 的当前值等于加载的预设值时，所有高速计数器模式都支持中断事件。使用外部复位输入的高速计数器模式支持激活外部复位时中断。除模式 0 和模式 1 外的所有高速计数器模式均支持计数方向改变时中断。可单独启用或禁用这些中断条件。

5. 高速计数器的状态字节

每个高速计数器都有一个状态字节，状态字节提供状态存储器位，用于指示当前计数方向以及当前值是否大于或等于预设值，状态字节的 0 ~ 4 位不用。表 1 – 7 – 7 定义了每个高速计数器的状态位的功能。只有在执行高速计数器中断程序时，状态位才有效。监控高速计数器状态的目的是启用对正在执行的操作有重大影响的事件的中断程序。

表 1 - 7 - 7 高速计数器的状态字节

HSC0	HSC1	HSC2	HSC3	HSC4	HSC5	说明
SM36.5	SM46.5	SM56.5	SM136.5	SM146.5	SM156.5	当前计数方向状态位： 0 = 减计数；1 = 加计数
SM36.6	SM46.6	SM56.6	SM136.6	SM146.6	SM156.6	当前值等于预设值状态位： 0 = 不相等；1 = 相等
SM36.7	SM46.7	SM56.7	SM136.7	SM146.7	SM156.7	当前值大于预设值状态位： 0 = 小于或等于；1 = 大于

四、高速计数器的初始化及动态参数编程

高速计数器的初始化即设置高速计数器的控制字节、执行 HDEF 指令（选择工作模式）、设定当前值和预设值、设置中断和执行 HSC 指令等。在程序中要使用初次扫描存储器位 SM0.1 来调用 HDEF 指令，而且只能调用一次。如果用 SM0.0 调用或第二次执行 HDEF 指令会导致运行错误，而且不能改变第一次执行 HDEF 指令时对高速计数器的设定。由于进入 RUN 模式后只能执行一次 HDEF 指令，为了减少扫描执行时间并使程序结构更加合理，一般以子程序的形式进行高速计数器的初始化操作。

1. 高速计数器初始化的步骤

高速计数器初始化的步骤如下：

（1）首次扫描时，接通一个扫描周期的特殊存储器位 SM0.1 来调用执行初始化操作的子程序，完成初始化操作。

（2）在初始化子程序中，根据需要的控制操作加载控制字节（SMB37、SMB47、SMB57、SMB137、SMB147 或 SMB157）。例如，选择高速计数器 HSC0，设置 SMB37 = 16#F8（2#1111 1000），则设置为：启用 HSC，更新当前值，更新预设值，更新计数方向为加计数，A/B 相正交计数器的计数速率为 4×，高电平激活时复位。

（3）执行 HDEF 指令，设置 HSC 的编号（0、1、2、3、4 或 5），设置工作模式（0、1、3、4、6、7、9 或 10）。例如，HSC 的编号设置为 0，工作模式设置为 10，则为有复位的 A/B 相正交计数器工作模式。

（4）将新的当前值写入 32 位当前值寄存器（SMD38、SMD48、SMD58、SMD138、SMD148 或 SMD158）。若写入 0，则清除当前值，用指令 MOVD 实现。

（5）将新的预设值写入 32 位预设值寄存器（SMD42、SMD52、SMD62、SMD142、SMD152 或 SMD162）。例如，执行指令 MOVD 1000，SMD42，则设置预设值为 1 000。若写入预设值为 16#00，则高速计数器处于不工作状态。

（6）为了捕捉当前值等于预设值的事件，将 CV = PV 的中断事件（若选择 HSC0，则为事件 12）与一个中断程序相联系，编写相应的中断程序。

（7）为了捕捉计数方向改变的事件，将计数方向改变的中断事件（若选择 HSC0，则为

事件 27）与一个中断程序相联系，编写相应的中断程序。

（8）为了捕捉外部信号复位的事件，将外部信号复位的中断事件（若选择 HSC0，则为事件 28）与一个中断程序相联系，编写相应的中断程序。

（9）执行 ENI 指令以启用 HSC 中断。

（10）执行 HSC 指令，激活高速计数器。

（11）退出子程序。

2. 更改模式 0 和模式 1 的计数方向

以 HSC0 为例，更改具有内部方向控制功能的单相时钟计数器（模式 0 和 1）的方向，步骤如下：

（1）加载 SMB37，以写入所需方向。如 SMB37 = 16#90，则表示启用计数器，将 HSC0 的计数方向设置为减计数。如 SMB37 = 16#98，则表示启用计数器，将 HSC0 的计数方向设置为加计数。

（2）执行 HSC 指令，激活高速计数器 HSC0。

3. 加载新当前值（任何模式）

以 HSC0 为例，更改高速计数器的当前值（任何模式）的步骤如下：

（1）加载 SMB37，以写入所需当前值。如 SMB37 = 16#C0，则表示启用计数器，写入新当前值。

（2）用所需当前值加载 SMD38（双字大小值，加载 0 可进行清除）。

（3）执行 HSC 指令，激活高速计数器 HSC0。

4. 加载新预设值（任何模式）

以 HSC0 为例，更改高速计数器的预设值（任何模式）的步骤如下：

（1）加载 SMB37，以写入所需预设值。如 SMB37 = 16#A0，则表示启用计数器，写入新预设值。

（2）用所需预设值加载 SMD42（双字大小值）。

（3）执行 HSC 指令，激活高速计数器 HSC0。

5. 禁用高速计数器（任何模式）

以 HSC0 为例，禁用高速计数器（任何模式）的步骤如下：

（1）加载 SMB37，以禁用高速计数器。如 SMB37 = 16#00，则表示禁用高速计数器 HSC0。

（2）执行 HSC 指令，以禁用计数器 HSC0。

【例 1 - 7 - 4】 某设备采用增量式旋转编码器作为检测元件，需要使用高速计数器进行位置值的计数，要求如下：计数信号为 A、B 两相相位差 90°的脉冲输入；使用外部计数器复位信号，高电平有效；增量式旋转编码器每转的脉冲数为 2 500，使用 A/B 相正交计数器（选择 4 倍速模式）进行计数，计数初始值为 0，转动 1 转后，需要清除计数值进行重新计数。主程序如图 1 - 7 - 10 所示，初始化子程序如图 1 - 7 - 11 所示，中断程序如

图 1 – 7 – 12 所示。

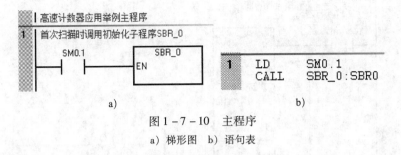

图 1 – 7 – 10 主程序

a）梯形图 b）语句表

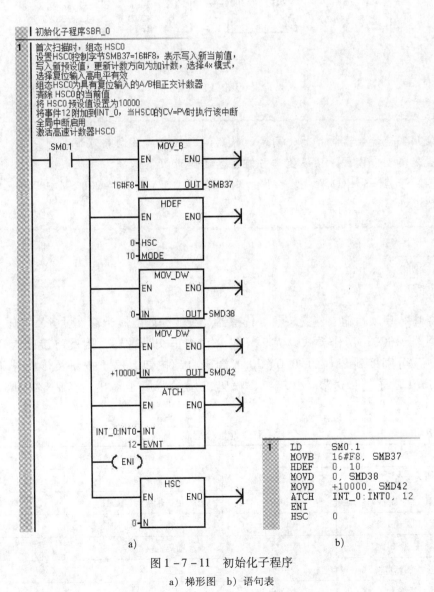

图 1 – 7 – 11 初始化子程序

a）梯形图 b）语句表

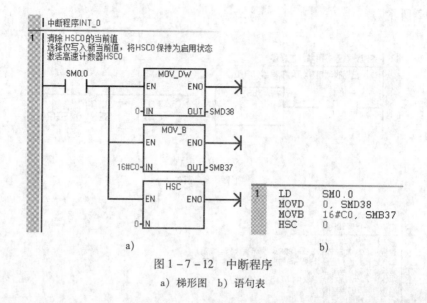

图 1 - 7 - 12　中断程序

a）梯形图　b）语句表

可以使用高速计数器向导简化高速计数器编程任务。该向导可帮助用户选择高速计数器类型、模式、预设值、当前值等高速计数器选项，并生成必要的特殊存储器、子程序和中断程序。扫描右侧二维码，可了解 S7 - 200 SMART 的高速计数器向导。

任务实施

一、I/O 地址分配

本任务中，启动按钮、停止按钮、传感器、旋转编码器属于输入设备。本任务选择使用高速计数器 HSC0，工作模式设为 9，即 A/B 相正交计数器，因此将旋转编码器输出的时钟 A、B 分别接到 PLC 的 I0.0、I0.1 端，启动按钮、停止按钮及传感器不能再占用 I0.0、I0.1 端子。传送带、封箱机、喷码机接触器属于输出设备。I/O 地址分配见表 1 - 7 - 8。

表 1 - 7 - 8　　　　　　　　　　I/O 地址分配表

输入		输出	
输入设备	输入继电器	输出设备	输出继电器
旋转编码器（黑线）	I0.0	传送带接触器 KM1	Q0.0
旋转编码器（白线）	I0.1	封箱机接触器 KM2	Q0.1
启动按钮 SB1	I0.4	喷码机接触器 KM3	Q0.2
停止按钮 SB2	I0.5		
传感器 SQ	I0.6		

二、绘制并安装 PLC 控制线路

箱体包装工序 PLC 控制线路原理图如图 1 – 7 – 13 所示（主电路略），PLC 控制线路接线图请读者自行绘制。安装时，接触器 KM1、KM2、KM3 暂时不接到 PLC 输出端，待模拟调试完成后再连接。

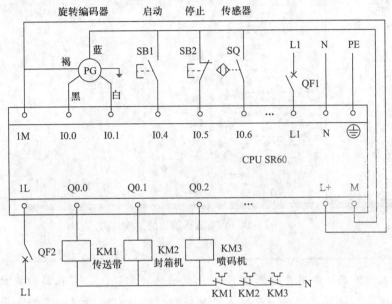

图 1 – 7 – 13　箱体包装工序 PLC 控制线路原理图

欧姆龙增量式旋转编码器 E6B2 – CWZ6C 为集电极开路（NPN）输出形式，有 A 相信号线（黑色）、B 相信号线（白色）、Z 相信号线（橙色）、正极电源线（褐色）、负极电源线（蓝色）和屏蔽线 6 条线，需采用源型输入接法（PLC 输入端子的公共端 1M 接 24 V 直流电源的正极，电流流出 PLC 输入端子）。由于 S7 – 200 SMART 的输入端子不分组，因此其他输入设备也一并采用源型输入接法。如果采用集电极开路（PNP）输出形式的欧姆龙增量式旋转编码器 E6B2 – CWZ5B，则需采用漏型输入接法（PLC 输入端子的公共端 1M 接 24 V 直流电源的负极，电流流入 PLC 输入端子）。另外，高速输入接线必须使用屏蔽电缆以减少电磁干扰。

旋转编码器的接线方法

三、设计梯形图程序

使用高速计数器的情况下，当利用系统块进行硬件组态时，需要调整高速计数器所用输入通道的系统块数字量输入滤波时间。如果高速计数器输入脉冲以输入滤波过滤掉的速率发生，则高速计数器不会在输入上检测到任何脉冲。必须将高速计数器的每路输入的滤波时间组态为允许以应用需要的速率进行计数的值，包括方向和复位输入。默认情况下，S7 – 200 SMART CPU 的数字量输入通道的滤波时间为 6.4 ms，理论上可以检测到最高频率为 78 Hz 的输入脉冲。可以将数字量输入通道 I0.0 和 I0.1 的滤波时间设置为 0.2 μs（见图 1 – 7 – 14，可检测到最高频率为 200 kHz 的输入脉冲），以便有效检测输入脉冲。

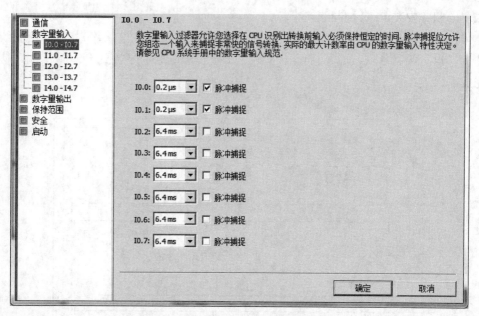

图 1 - 7 - 14 设置输入通道的滤波时间

数字量输入滤波器允许用户选择在 CPU 识别出转换前输入必须保持恒定的时间。脉冲捕捉位允许用户组态一个输入来捕捉非常快的信号转换。实际的最大计数率由 CPU 的数字量输入特性决定。扫描右侧二维码，可了解组态数字量输入的滤波器时间和组态脉冲捕捉功能的方法。

编辑符号表，如图 1 - 7 - 15 所示。

		符号	地址	注释
1		启动按钮	I0.4	常开按钮
2		停止按钮	I0.5	常闭按钮
3		传感器	I0.6	
4		传送带	Q0.0	接触器 KM1
5		封箱机	Q0.1	接触器 KM2
6		喷码机	Q0.2	接触器 KM3

图 1 - 7 - 15 符号表

箱体包装工序 PLC 控制梯形图程序如图 1 - 7 - 16 所示，语句表程序请读者自行编写。

四、模拟调试

按照 PLC 用户程序模拟调试的方法，利用程序状态监控或状态图表监控的方法模拟调试程序。

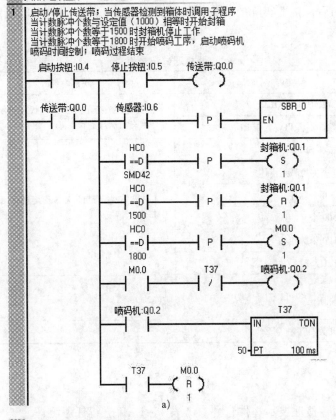

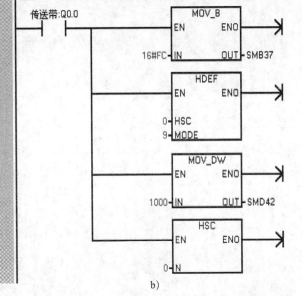

使用高速计数器
向导的编程方法

图 1-7-16 箱体包装工序 PLC 控制梯形图

a）主程序 b）子程序

五、联机调试

模拟调试成功后，接上实际的负载，按照表 1－7－9 的步骤进行联机调试，同时注意观察和记录。

表 1－7－9　　　　　　　　　　　　　联机调试记录表

步骤	操作内容	观察内容	观察结果
1	合上电源开关 QF1 和 QF2	以太网状态指示灯、CPU 状态指示灯和 I/O 状态指示灯的状态	
2	通过编程软件，将 PLC 置于 RUN 模式		
3	按下启动按钮 SB1	I/O 状态指示灯的状态及接触器 KM1～KM3 得电情况	
4	传感器 SQ 模拟检测到箱体		
5	计数到 1 000 个脉冲		
6	计数到 1 500 个脉冲		
7	计数到 1 800 个脉冲		
8	按下停止按钮 SB2		
9	通过编程软件，将 PLC 置于 STOP 模式	CPU 状态指示灯和 I/O 状态指示灯的状态	
10	关断电源开关 QF1 和 QF2		

📝 任务测评

清扫工作台面，整理技术文件，并参考表 1－1－7 进行任务测评。

PLC 综合应用技术

任务1　步进电动机 PLC 控制

学习目标

1. 掌握步进电动机和步进驱动器的接线方法。
2. 掌握脉冲输出指令的功能、表示形式及使用方法。
3. 熟悉 PTO/PWM 控制寄存器各位的功能。
4. 掌握 PTO 编程与操作的方法。
5. 能正确进行 PLC、步进驱动器、步进电动机之间的线路连接。
6. 能使用脉冲输出指令编写步进电动机 PLC 控制程序。

任务引入

　　一个典型的运动控制系统主要包括运动控制器、驱动器、执行器和反馈传感器。其中，运动控制器有 PC‐based（基于个人计算机的）控制器、专用控制器、PLC 等，用以生成轨迹点（期望输出）和闭合位置反馈环。驱动器将运动控制器输出的控制信号（通常是速度或扭矩信号）转换为更高功率的电流或电压信号，以驱动执行器。执行器（如液压泵、气缸、线性执行机、步进电动机、伺服电动机等）用来输出运动。反馈传感器（如光电编码器、旋转变压器、霍尔效应设备等）用来反馈执行器的位置，以实现和位置控制环的闭合。众多的机械部件（齿轮箱、轴、滚珠丝杠、齿形带、联轴器等）使执行器以期望的运动形式输出运动。

　　图 2‐1‐1 所示为由 PLC、步进驱动器、步进电动机、丝杆、运动托盘以及位置检测传感器等组成的运动控制系统，它利用 PLC 通过步进驱动器来控制步进电动机的运转，以实现运动控制。运动托盘由步进电动机通过丝杆传动，位置检测传感器可在运动托盘运动至某位置时检测到一个开关量信号并反馈给 PLC，以实现位置的精确检测。

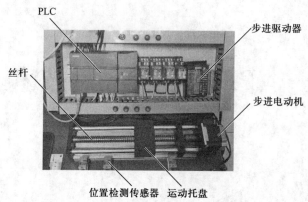

图 2 - 1 - 1　步进电动机 PLC 控制系统

本任务要求使用 PLC 功能指令中的脉冲输出指令，设计步进电动机正反转 PLC 控制系统，并完成安装和调试。控制要求如下：

1. 按下正转启动按钮 SB1，步进电动机正转；按下反转启动按钮 SB2，步进电动机以相同的转速反转并转过相同的角度。按下停止按钮 SB3，步进电动机停转。

2. 具有短路保护等必要的保护措施。

步进电动机区别于其他电动机的最大特点是它能接收数字控制信号（电脉冲信号）并将其转化为与之对应的角位移量或直线位移量。步进电动机的角位移量与输入脉冲的个数成正比，其角速度与脉冲频率成正比，而且在时间上与脉冲同步。因此，只要控制输入脉冲的数量、频率和步进电动机绕组的相序，即可获得所需的转角、速度和方向。

S7 - 200 SMART 标准型 CPU 模块具有高速脉冲发生器，能输出可调的高速脉冲，因此可以控制步进电动机运转。利用 PLC 控制步进电动机运转的方法有两种：第一种是直接由 PLC 实现步进脉冲的分配；第二种是通过步进驱动器实现脉冲的分配。本任务使用第二种方法，即通过步进驱动器控制步进电动机运转所需的输入脉冲和方向信号。由于输入脉冲信号的频率较高，PLC 必须采用晶体管输出型的 CPU 模块，本任务使用 S7 - 200 SMART 标准型 CPU ST60 模块作为控制器，使用 PLC 的脉冲输出指令设计程序。

实施本任务所使用的实训设备可参考表 2 - 1 - 1。

表 2 - 1 - 1　　　　　　　　　　　　　实训设备清单

序号	设备名称	型号及规格	数量	单位	备注
1	微型计算机	装有 STEP 7 - Micro/WIN SMART 软件	1	台	
2	编程电缆	以太网电缆或 USB - PPI 电缆	1	条	
3	可编程序控制器	S7 - 200 SMART CPU ST60	1	台	配 C45 导轨
4	开关式稳压电源	S - 150 - 24，AC 220 V/DC 24 V，150 W	1	台	
5	低压断路器	Multi9 C65N C20，单极	1	个	
6	按钮	LA10 - 3H	1	个	
7	接线端子排	TB - 1520，20 位	1	条	
8	配电盘	600 mm × 900 mm	1	块	

续表

序号	设备名称	型号及规格	数量	单位	备注
9	步进驱动器	DM542 数字式两相	1	台	
10	碳膜电阻	2 kΩ, 0.25 W	2	个	
11	步进电动机	57HS13 两相混合式, 8 线	1	台	

相关知识

一、步进电动机和步进驱动器

1. 步进电动机

步进电动机（见图 2 - 1 - 2）是一种将电脉冲转化为角位移的执行机构，其特点是无累积误差，因而广泛应用于各种开环控制系统。当步进驱动器接收到运动控制器发来的脉冲信号时，它就驱动步进电动机按设定的方向转动固定的角度（称为步距角），所以步进电动机又称为脉冲电动机。步进电动机的转速与脉冲频率成正比，因此控制脉冲频率可以精确调速，控制脉冲数量可以精确定位。

图 2 - 1 - 2　步进电动机

根据结构与材料的不同，步进电动机分为反应式（variable reluctance，VR）、永磁式（permanent magnet，PM）和混合式（hybrid stepping，HS）三种。其中，混合式步进电动机综合了反应式和永磁式步进电动机的优点，即体积小、步距角小、输出转矩大、动态性能好，所以应用最为广泛。混合式步进电动机分为两相、三相和五相，步距角一般分别为1.8°、1.2°和0.72°。57HS13 混合式步进电动机的引线定义、串联及并联接法如图 2 - 1 - 3 所示。

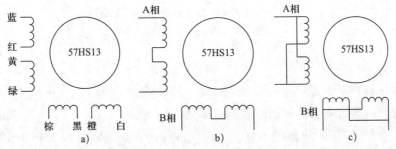

图 2 - 1 - 3　57HS13 混合式步进电动机的引线定义、串联及并联接法
a）引线定义　b）串联接法　c）并联接法

步进电动机的选择主要考虑其扭矩和额定电流。绕组的接法不同，步进电动机的性能也有相当大的差别。扫描右侧二维码，可进一步了解步进电动机绕组的不同接法和参数设定方法。

2. 步进驱动器

步进驱动器是一种能使步进电动机运行的功率放大器，它能把运动控制器发来的脉冲信号转化为步进电动机的功率信号，以驱动步进电动机运行。

DM542 数字式两相步进驱动器的实物如图 2 - 1 - 4a 所示，其输入电源电压为 DC 20 ～ 50 V，输出电流（峰值）为 1.0 ～ 4.2 A，步进脉冲频率为 0 ～ 300 kHz，能驱动 4 线、6 线或 8 线的两相步进电动机。

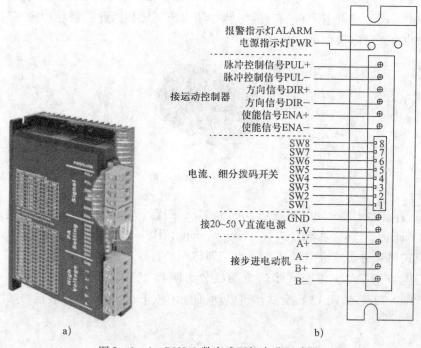

图 2 - 1 - 4 DM542 数字式两相步进驱动器
a）实物图 b）状态指示灯和接线端子

（1）状态指示灯和接线端子

DM542 数字式两相步进驱动器的状态指示灯和接线端子如图 2 - 1 - 4b 所示。绿色 LED 为电源指示灯，当步进驱动器接通电源时，绿色 LED 点亮；当步进驱动器切断电源时，绿色 LED 熄灭。红色 LED 为故障指示灯，当出现故障时，该指示灯以 3 s 为周期循环闪烁；当故障被清除时，红色 LED 熄灭。红色 LED 在 3 s 内不同的闪烁次数代表不同的故障信息，具体见表 2 - 1 - 2。

表 2 - 1 - 2　　　　　　　　　　DM542 数字式两相步进驱动器的故障指示灯说明

3 s 内闪烁次数	红色 LED 闪烁波形	故障说明
1	3 s	过流或相间短路故障
2	3 s	过压（电压 > 50 V）故障
3	3 s	无定义
4	3 s	步进电动机开路或接触不良故障

　　DM542 数字式两相步进驱动器接线端子的功能见表 2 - 1 - 3。若将 5 V 直流电源脉冲加至 PUL + 端与 PUL - 端，即将运动控制器（如 PLC）输出的脉冲信号送至步进驱动器，步进驱动器即可按此脉冲的频率控制步进电动机的转速。DIR + 端与 DIR - 端用来控制步进电动机的转动方向，此两端未加 5 V 直流电压时，步进电动机的转动方向为正转；此两端加 5 V 直流电压时，步进电动机的转动方向变为反转。

表 2 - 1 - 3　　　　　　　　　　DM542 数字式两相步进驱动器接线端子的功能

名称	功能
PUL + PUL -	接脉冲控制信号：脉冲上升沿有效，高电平时为 4 ~ 5 V，低电平时为 0 ~ 0.5 V。为了可靠地响应脉冲信号，脉冲宽度应大于 1.2 μs。采用 + 12 V 或 + 24 V 的脉冲信号时需串联电阻
DIR + DIR -	接方向信号：高/低电平信号，高电平时为 4 ~ 5 V，低电平时为 0 ~ 0.5 V。为保证步进电动机可靠地换向，方向信号应先于脉冲控制信号至少 5 μs。步进电动机的初始运行方向与其接线有关，互换任一相绕组（如 A +、A - 交换）可以改变初始运行的方向
ENA + ENA -	接使能信号：用于使能或禁止驱动器。ENA + 接 + 5 V、ENA - 接低电平（或内部光耦导通）时，驱动器将切断步进电动机各相的电流，使步进电动机处于自由状态，此时步进脉冲不被响应。当不需要此功能时，使能信号端悬空即可
GND	接直流电源地
+ V	接直流电源正极，范围为 20 ~ 50 V，推荐值为 24 ~ 48 V
A +、A -	接步进电动机 A 相线圈
B +、B -	接步进电动机 B 相线圈

（2）控制信号接口电路

DM542 数字式两相步进驱动器采用差分式接口电路，可适用于差分信号。该驱动器具有单端共阴及共阳等接口，内置高速光电耦合器，允许接收长线驱动器、集电极开路和 PNP 输出电路的信号。在环境恶劣的场合，推荐采用抗干扰能力强的长线驱动器电路。以集电极开路和 PNP 输出为例，DM542 数字式两相步进驱动器的控制信号接口电路如图 2 - 1 - 5 所示。

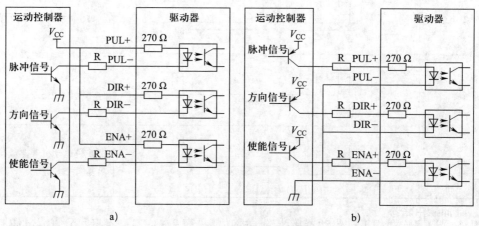

图 2 - 1 - 5　DM542 数字式两相步进驱动器的控制信号接口电路

a）共阳极接法　b）共阴极接法

注意

当 V_{CC} 为 5 V 时，电阻 R 短接；当 V_{CC} 为 12 V 时，R 为 1 kΩ 的电阻（功率大于 1/8 W）；当 V_{CC} 为 24 V 时，R 为 2 kΩ 的电阻（功率大于 1/8 W）。

（3）细分设定

步进电动机由于其特有结构，出厂时均注明固有步距角（如 0.9°/1.8°，表示半步工作时每走一步转过的角度为 0.9°，整步时为 1.8°）。但在很多精密控制场合，要求分很多步走完一个步进电动机固有步距角，也就是细分驱动，能实现此功能的电子装置称为细分驱动器。细分驱动减小了步进电动机每步的步距角，提高了控制精度，减小了振动，提高了输出转矩。当步进驱动器工作在 n 细分状态时，步进电动机的实际步距角是固有步距角（整步）的 n 分之一。例如，当步进驱动器工作在 10 细分状态时，实际步距角为步进电动机固有步矩角的十分之一。也就是说，当步进驱动器工作在不细分的整步状态时，控制系统每发出一个步进脉冲，步进电动机转动 1.8°，步进电动机转动一圈需要 200 个步进脉冲。而当步进驱动器工作在 10 细分状态时，控制系统每发出一个步进脉冲，步进电动机只转动 0.18°，即步进电动机转动一圈需要 2 000 个步进脉冲。细分功能是由步进驱动器靠精度控制步进电动机的相电流实现的，与具体的步进电动机无关。步进驱动器的细分通过步进驱动器上的细分拨码开关设定。

步进电动机的转速与脉冲频率的关系为：

$$v = \frac{f\theta_e}{360m} \qquad (2-1-1)$$

式 2 – 1 – 1 中，v 为步进电动机的转速（r/s），f 为脉冲频率（Hz），θ_e 为步进电动机的固有步距角，m 为细分数（整步为 1，半步为 2）。

DM542 数字式两相步进驱动器采用八位拨码开关实现动态电流设定、半流/全流模式设定、电动机参数和内部调节参数的自整定以及细分精度设定。扫描右侧二维码，可了解 DM542 数字式两相步进驱动器的电流设定、参数自整定、细分设定、保护功能以及应用中常见的问题和处理方法。

二、脉冲输出指令和 PTO/PWM 控制寄存器

S7 – 200 SMART 标准型 CPU 模块有脉冲串输出（pulse train output，PTO）和脉冲宽度调制（pulse width modulation，PWM）两种高速脉冲发生器，输出的高速脉冲频率最高可达 100 kHz。所有经济型 CPU 模块（CR20s，CR30s，CR40s、CR60s）都不支持高速脉冲输出。

1. 脉冲输出指令

脉冲输出指令（PLS 指令）可以控制高速输出（Q0.0、Q0.1、Q0.3 和 Q0.2）是否提供 PTO 和 PWM 功能。若使用 PWM 功能，还可通过 PWM 向导组态为 PWM 输出。PLS 指令的梯形图、语句表、操作数及数据类型见表 2 – 1 – 4。

表 2 – 1 – 4   **PLS 指令的梯形图、语句表、操作数及数据类型**

指令名称	梯形图	语句表	操作数及数据类型
脉冲输出指令 （PLS 指令）	PLS —EN ENO— —N	PLS N	N（通道）：常数，0（= Q0.0）、1（= Q0.1）、2（= Q0.3）或 3（= Q0.2） 数据类型：字

使用 PLS 指令最多可创建四个 PTO/PWM 操作。PTO 操作允许用户控制方波（50% 占空比）输出的频率和脉冲数量。PWM 操作允许用户控制占空比可变的固定循环时间输出。

S7 – 200 SMART 标准型 CPU 模块最多有四个 PTO/PWM 发生器（PLS0、PLS1、PLS2 和 PLS3），用于产生高速脉冲串或脉冲宽度调制波。其中，CPU SR20/ST20 模块具有 PLS0 和 PLS1 两个 PTO/PWM 发生器，分别分配给数字量输出端 Q0.0 和 Q0.1。CPU SR30/ST30、SR40/ST40 和 SR60 模块具有 PLS0、PLS1 和 PLS2 三个 PTO/PWM 发生器，分别分配给数字量输出端 Q0.0、Q0.1 和 Q0.3。CPU ST60 模块具有 PLS0、PLS1、PLS2 和 PLS3 四个 PTO/PWM 发生器，分别分配给数字量输出端 Q0.0、Q0.1、Q0.3 和 Q0.2。标准型 CPU 模块分为继电器输出型和场效应晶体管输出型两种，仅场效应晶体管输出型 CPU 模块适于输出最高频率为 100 kHz 的高速脉冲，不建议使用继电器输出型 CPU 模块进行高速脉冲输出操作。

S7 - 200 SMART CPU 指定的特殊存储器 SM 单元用于存储每个 PTO/PWM 发生器的以下数据：1 个 PTO 状态字节（8 bit 值）、1 个控制字节（8 bit 值）、1 个 PWM 循环时间或 PTO 频率（16 bit 无符号值）、1 个 PWM 脉冲宽度（16 bit 无符号值）以及 1 个 PTO 脉冲计数值（32 bit 无符号值）。特殊存储器 SM 的各位设置完毕，即可执行 PLS 指令。

PTO/PWM 发生器和过程映像输出寄存器共同使用数字量输出端 Q0.0、Q0.1、Q0.3 和 Q0.2。当 Q0.0、Q0.1、Q0.3 或 Q0.2 激活 PTO/PWM 功能时，PTO/PWM 发生器将控制输出，从而禁止数字量输出点的通用功能。输出波形不会受过程映像输出寄存器的状态、输出点强制值或立即输出指令的影响。若未激活 PTO/PWM 发生器功能，则数字量输出点 Q0.0、Q0.1、Q0.3 和 Q0.2 使用通用功能，重新交由过程映像输出寄存器控制输出。过程映像输出寄存器决定输出脉冲波形的初始和最终状态，确定输出脉冲波形是以高电平还是低电平开始和结束。

注意

（1）如果已通过运动控制向导将所选输出点组态为运动控制用途，则无法通过 PLS 指令激活 PTO/PWM 发生器。

（2）PTO/PWM 输出的最低负载至少为额定负载的 10%，才能实现启用与禁用之间的顺利转换。

（3）在启用 PTO/PWM 操作之前，将过程映像输出寄存器中 Q0.0、Q0.1、Q0.3 和 Q0.2 值设置为 0。所有控制字节、周期/频率、脉冲宽度和脉冲计数值的默认值均为 0。

正在运行的 PLS 指令可由其他 PLS 指令超驰（override）。触发超驰后，CPU 直接将速度或脉冲计数改为目标速度或目标脉冲计数，到达新位置。

小提示

超驰是指运动控制指令之间相互覆盖的情况，用户可以用新的指令覆盖正在执行的命令。超驰功能一旦激活，将会中止当前动作并立即执行新的命令。超驰功能的优点是轴无须停止，可以平滑过渡到新的指令或同一指令的新参数。激活超驰功能后，两个动作的切换过程平滑无停止且最终定位更准确。

STEP 7 - Micro/WIN SMART V2.7 软件配合 S7 - 200 SMART CPU 固件版本 V2.7 开始支持超驰功能。目前仅支持在相同指令间触发超驰响应，且仅支持单轴指令的超驰功能。有两种方法可以实现超驰功能：一种是使用 PLS 指令（仅 PTO 单段模式）并配置 PTO 控制字节的特殊存储器（SMB67、SMB77、SMB567 和 SMB581），另一种是通过配置运动控制向导后生成的 AXISx_GOTO 指令实现超驰。

2. PTO/PWM 控制寄存器

PLS 指令使 CPU 读取特殊存储器 SM 存储单元的数据，并对相应的 PTO/PWM 发生器进行编程。因此，执行 PLS 指令前，必须设置好 PTO/PWM 控制寄存器。PTO/PWM 控制寄存器各位的功能见表 2 - 1 - 5。表 2 - 1 - 6 为 PTO/PWM 控制字节参考，用其中的数值作为 PTO/PWM 控制字节的值以实现需要的操作。

表 2 - 1 - 5　　　　　　　　　　　　PTO/PWM 控制寄存器各位的功能

名称	Q0.0	Q0.1	Q0.3	Q0.2	说明
状态位	SM66.4	SM76.4	SM566.4	SM580.4	PTO 增量计算错误（添加错误导致）：0 = 无错误，1 = 因错误而中止
	SM66.5	SM76.5	SM566.5	SM580.5	PTO 包络被禁用（用户指令导致）：0 = 非手动禁用的包络，1 = 用户禁用的包络
	SM66.6	SM76.6	SM566.6	SM580.6	PTO/PWM 管道溢出/下溢：0 = 无溢出/下溢，1 = 溢出/下溢
	SM66.7	SM76.7	SM566.7	SM580.7	PTO 空闲：0 = 进行中，1 = 空闲
控制位	SM67.0	SM77.0	SM567.0	SM581.0	PTO 更新频率：0 = 不更新，1 = 更新频率 或 PWM 更新周期：0 = 不更新，1 = 更新周期
	SM67.1	SM77.1	SM567.1	SM581.1	PWM 更新脉冲宽度：0 = 不更新，1 = 更新脉冲宽度
	SM67.2	SM77.2	SM567.2	SM581.2	PTO 更新脉冲计数值：0 = 不更新，1 = 更新脉冲计数值
	SM67.3	SM77.3	SM567.3	SM581.3	PWM 时间基准（简称时基）：0 = 1 μs，1 = 1 ms
	SM67.4	SM77.4	SM567.4	SM581.4	PTO 超驰响应：0 = 不使能，1 = 使能
	SM67.5	SM77.5	SM567.5	SM581.5	PTO 单/多段操作：0 = 单段操作，1 = 多段操作
	SM67.6	SM77.6	SM567.6	SM581.6	PTO/PWM 模式选择：0 = PWM，1 = PTO
	SM67.7	SM77.7	SM567.7	SM581.7	PTO/PWM 使能：0 = 不使能，1 = 使能
其他寄存器	SMW68	SMW78	SMW568	SMW582	PTO 频率值：1 ~ 65 535 Hz（单段管道）和 1 ~ 100 000 Hz（多段管道） 或 PWM 周期值：10 ~ 65 535 μs 和 2 ~ 65 535 ms
	SMW70	SMW80	SMW570	SMW584	PWM 脉冲宽度值：0 ~ 65 535
	SMD72	SMD82	SMD572	SMD586	PTO 脉冲计数值：1 ~ 2 147 483 647
	SMB166	SMB176	SMB576	SMB590	操作中的段数：仅用在多段 PTO 操作中
	SMW168	SMW178	SMW578	SMW592	包络表的起始单元（用从 V0 开始的字节偏移量表示）：仅限多段 PTO 操作

表 2 - 1 - 6　　　　　　　　　　　　PTO/PWM 控制字节参考

控制寄存器（十六进制值）	PLS 指令的执行结果							
	PTO/PWM 使能	选择模式	PTO 段操作	PTO 超驰响应	PWM 时基	PTO 更新脉冲数	PWM 更新脉冲宽度	PWM 更新周期/PTO 更新频率
16#80	是	PWM	—	—	1 μs	—	不更新	不更新

控制寄存器	PLS 指令的执行结果							
（十六进制值）	PTO/PWM 使能	选择模式	PTO 段操作	PTO 超驰响应	PWM 时基	PTO 更新脉冲数	PWM 更新脉冲宽度	PWM 更新周期/PTO 更新频率
16#81	是	PWM	—	—	1 μs	—	不更新	更新周期
16#82	是	PWM	—	—	1 μs	—	更新	不更新
16#83	是	PWM	—	—	1 μs	—	更新	更新周期
16#88	是	PWM	—	—	1 ms	—	不更新	不更新
16#89	是	PWM	—	—	1 ms	—	不更新	更新周期
16#8A	是	PWM	—	—	1 ms	—	更新	不更新
16#8B	是	PWM	—	—	1 ms	—	更新	更新周期
16#C0	是	PTO	单段	否	—	不更新	—	不更新
16#C1	是	PTO	单段	否	—	不更新	—	更新频率
16#C4	是	PTO	单段	否	—	更新	—	不更新
16#C5	是	PTO	单段	否	—	更新	—	更新频率
16#D0	是	PTO	单段	是	—	不更新	—	不更新
16#D1	是	PTO	单段	是	—	不更新	—	更新频率
16#D4	是	PTO	单段	是	—	更新	—	不更新
16#D5	是	PTO	单段	是	—	更新	—	更新频率
16#E0	是	PTO	多段	否	—	不更新	—	不更新

状态字节（SMB66、SMB76、SMB566 和 SMB580）用于监视 PTO 发生器的工作状态。状态字节中的 PTO 空闲位 SM66.7、SM76.7、SM566.7 和 SM580.7 可以指示编程的脉冲串是否已经输出完成。当 PTO 空闲位为 1 时，则指示脉冲串输出完成。

控制字节 SMB67 控制 PTO0/PWM0 发生器（Q0.0 输出），SMB77 控制 PTO1/PWM1 发生器（Q0.1 输出），SMB567 控制 PTO2/PWM2 发生器（Q0.3 输出），SMB581 控制 PTO3/PWM3 发生器（Q0.2 输出）。

当装载 PWM 周期值/PTO 频率值（SMW68、SMW78、SMW568 或 SMW582）、PWM 脉冲宽度值（SMW70、SMW80、SMW570 或 SMW584）或 PTO 脉冲计数值（SMD72、SMD82、SMD572 或 SMD586）时，执行 PLS 指令之前也要设置控制寄存器中相应的更新位。

对于多段脉冲串操作，执行 PLS 指令之前也必须装载包络表的起始偏移量（SMW168、SMW178、SMW578 或 SMW592）和包络表的值。包络表由包络段数和各段参数构成，在 SMB166、SMB176、SMB576 或 SMB590 中填入包络段数。

如果在 PWM 执行过程中试图改变 PWM 的时基，则该请求被忽略并产生非致命错误。

注意

PTO/PWM 模式选择位（SM67.6、SM77.6、SM567.6 和 SM581.6）的定义与支持脉冲输出指令的 PLC 早期产品有所不同。在 S7 - 200 SMART 系列 PLC 中，PTO/PWM 模式选择位的定义是：0 = PWM，1 = PTO，这与 S7 - 200 系列 PLC 刚好相反。

【例 2 - 1 - 1】 设置 PTO/PWM 控制字节。用 Q0.0 作为高速脉冲输出，对应的控制字节为 SMB67。如果 PTO0/PWM0 定义为 PTO/PWM 使能、选择模式为 PTO、PTO 单段操作、不使能超驰、更新脉冲计数值和频率值，则应向控制字节 SMB67 写入 16#C5（即 2#1100 0101）。

可通过修改 SM 区域（包括控制字节）中的单元并执行 PLS 指令来改变 PTO、PWM 波形的特性。在任何时刻都可通过向 PTO/PWM 控制字节使能位（SM67.7、SM77.7、SM567.7 或 SM581.7）写入 0 并执行 PLS 指令来禁止生成 PTO 或 PWM 波形。输出点将立即恢复为过程映像输出寄存器控制。

如果 PTO/PWM 操作正在产生脉冲时被禁止，该脉冲将内在地完成其整个周期，但该脉冲不会出现在数字量输出端，因为此时过程映像输出寄存器重新获得了对输出的控制。

三、PTO 编程与操作

PTO 以指定频率和指定脉冲数量提供 50% 占空比输出的方波，波形如图 2 - 1 - 6 所示。为 PTO 操作组态输出后，CPU 会生成一个占空比为 50% 的脉冲串，用于对步进电动机或伺服电动机的速度和位置进行开环控制。

图 2 - 1 - 6　占空比为 50% 的方波

PTO 可使用脉冲包络生成一个或多个脉冲串，可以指定脉冲的频率和数量。

频率的范围是 1 ~ 65 535 Hz（单段管道）和 1 ~ 100 000 Hz（多段管道）。如果指定频率小于最小值，则将频率默认为最小值；如果指定频率大于最大值，则将频率默认为最大值。

脉冲数的范围是 1 ~ 2 147 483 647。如果指定脉冲数为 0，则默认为 1 个脉冲；如果指定脉冲数大于最大值，则将脉冲数默认为最大值。

1. PTO 的实现方式

PTO 功能允许脉冲串"链接"或"管道化"，也就是允许脉冲串进行排队，形成管道（也称为管线、流水线）。当前的脉冲串输出完成后，立即输出新脉冲串，这保证了脉冲串顺序输出的连续性。根据管道的实现方式，将 PTO 分为单段管道和多段管道。PTO 功能允许单段超驰，即新的脉冲串配置将超驰正在输出的脉冲串。另外，中断程序可在脉冲串输出完成后进行调用。若使用单段操作，则在每个 PTO 输出完成时调用中断程序。若使用多段操作，PTO 功能在包络表完成时调用中断程序。

（1）PTO 脉冲的单段管道化

单段管道化是指管道中每次只能存储一个脉冲串的控制参数。一旦启动了 PTO 起始段，就必须立即为下一个脉冲串更新控制寄存器，并再次执行 PLS 指令，第二个脉冲串的属性一直保持到第一个脉冲串发送完成。第一个脉冲串发送完成，紧接着输出第二个脉冲串，然后可在管道中存储一个新脉冲串设置，重复上述过程可输出多个脉冲串。当输出多个脉冲串时，如果采用单段管道化，编程将比较复杂。

当管道填满时，如果试图装入另一个脉冲串的控制参数，将导致 PTO 溢出位（SM66.6、SM76.6、SM566.6 或 SM580.6）置位并且指令被忽略。检测到溢出后，必须手动清除 PTO 溢出位，以恢复检测功能。当 PLC 进入 RUN 模式时，PTO 溢出位初始化为 0。

只有当前有效的脉冲串在 PLS 指令捕获到新脉冲串设置之前完成，才能在脉冲串之间实现平滑转换。在单段管道化期间，频率的上限为 65 535 Hz。如果需要更高的频率（最高为 100 kHz），则必须使用多段管道化。

（2）PTO 脉冲的单段超驰

在单段超驰中，用户负责更新超驰脉冲串的 SM 位置。在初始 PTO 段开始后，需要立即使用第二个波形的参数修改 SM 单元。SM 的相应值更新后，在需要的时刻再次执行 PLS 指令即可实现超驰。

2. 单段 PTO 初始化

通常用一个子程序为脉冲输出配置并初始化 PTO，初始化子程序由主程序调用。用首次扫描特殊存储器位（SM0.1）将 PTO 使用的输出（Q0.0、Q0.1、Q0.3 或 Q0.2）复位为 0，并调用子程序完成初始化操作。由于采用了这样的子程序调用方式，后续扫描就不会再调用这个子程序，从而缩短了扫描时间，优化了程序的结构。

（1）从主程序建立对初始化子程序的调用后，按照以下步骤在初始化子程序中创建控制逻辑，完成对单段 PTO 的 Q0.0、Q0.1、Q0.3 或 Q0.2 的配置。

1）设置控制字节。将值 16#C5 或 16#D5 写入 SMB67、SMB77、SMB567 或 SMB581，这两个字节值均可使能 PTO/PWM 功能、选择 PTO 操作、更新脉冲数和频率值。

2）向 SMW68、SMW78、SMW568 或 SMW582 写入频率的字值。

3）向 SMD72、SMD82、SMD572 或 SMD586 写入脉冲数的双字值。

4）如果希望在 PTO 输出完成后立即执行相关功能，可以将脉冲串完成事件（中断事件 19、20、34 或 45）附加于中断程序，执行 ATCH 指令和 ENI 指令。

5）执行 PLS 指令，使 S7 - 200 SMART CPU 为 PTO 发生器编程。

6）退出子程序。

（2）当使用单段 PTO 操作时，如要在中断程序或子程序中改变 PTO 的频率和脉冲数，要遵循以下步骤：

1）根据要修改的频率、脉冲数，向 SMB67、SMB77、SMB567 或 SMB581 写入相应的控制字节值。如果仅修改频率，则写入的控制字节值为 16#C1 或 16#D1。如果仅修改脉冲数，则写入的控制字节值为 16#C4 或 16#D4。如果要同时修改频率和脉冲数，则写入的控制字节值为 16#C5 或 16#D5。

2）如果修改的是频率，则向 SMW68、SMW78、SMW568 或 SMW582 写入新频率的一个字值。

3）如果修改的是脉冲数，则向 SMD72、SMD82、SMD572 或 SMD586 写入新脉冲数的一个双字值。

4）执行 PLS 指令，使 S7 – 200 SMART 为 PTO 发生器编程。在更新频率、脉冲数的 PTO 波形开始前，CPU 必须完成已经启动的 PTO。

5）退出中断程序或子程序。

 小提示　　使用 STEP 7 – Micro/WIN SMART 可以打开 STEP 7 – Micro/WIN 编写的 S7 – 200 CPU 的 PLS 指令程序，但需要修改控制字节（S7 – 200 SMART 的 PTO/PWM 模式选择位 SM67.6、SM77.6、SM567.6、SM581.6 与 S7 – 200 有区别）和将 S7 – 200 的 PTO 周期（SMW68、SMW78）对应改为 S7 – 200 SMART 的 PTO 频率（SMW68、SMW78、SMW568、SMW582）。例如，编写 S7 – 200 的 PTO 脉冲输出程序，脉冲的周期为 500 ms，SMB67 = 16#85（选择时基 1 μs）或 16#8D（选择时基 1 ms），SMW68 = 500 ms，将装载周期和脉冲数的 PTO 脉冲输出程序移植至 S7 – 200 SMART，需要在 S7 – 200 SMART 程序中修改 SMB67 = 16#C5（选择不超驰）或 16#D5（选择超驰），SMW68 = 2 Hz。以数字量输出端 Q0.0 为例，S7 – 200 与 S7 – 200 SMART 的 PTO/PWM 控制寄存器对比情况见表 2 – 1 – 7。

表 2 – 1 – 7　S7 – 200 与 S7 – 200 SMART 的 PTO/PWM 控制寄存器对比情况

Q0.0	S7 – 200	S7 – 200 SMART
SM67.0	PTO 更新周期	PTO 更新频率
SM67.1	未使用	未使用
SM67.2	PTO 更新脉冲计数值	PTO 更新脉冲计数值
SM67.3	PTO 时间基准：0 = 1 μs，1 = 1 ms	未使用
SM67.4	未使用	未使用
SM67.5	PTO 操作：0 = 单段，1 = 多段	PTO 操作：0 = 单段，1 = 多段
SM67.6	PTO/PWM 模式选择：0 = PTO，1 = PWM	PTO/PWM 模式选择：0 = PWM，1 = PTO
SM67.7	PTO 启用：0 = 禁止，1 = 启用	PTO 启用：0 = 禁止，1 = 启用
SMW68	PTO 周期	PTO 频率

【例 2 - 1 - 2】 Q0.0 输出图 2 - 1 - 7 所示的单段 PTO 波形，对应的单段 PTO 控制程序如图 2 - 1 - 8 所示。

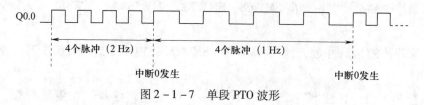

图 2 - 1 - 7 单段 PTO 波形

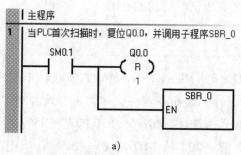

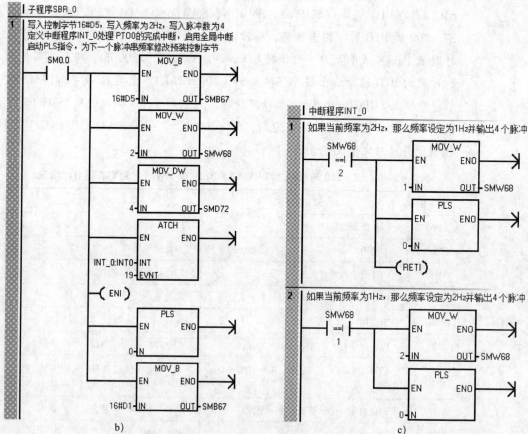

图 2 - 1 - 8 例 2 - 1 - 2 单段 PTO 控制程序

a) 主程序 b) 子程序 c) 中断程序

【例 2 − 1 − 3】　启动按钮接于 I0.1，停止按钮接于 I0.0。要求当按下启动按钮时，Q0.1 输出 PTO 脉冲，脉冲频率为 100 Hz，脉冲数为 50 000。若在输出 PTO 脉冲的过程中按下停止按钮，则立即停止 PTO 脉冲输出。编写单段 PTO 控制程序，如图 2 − 1 − 9 所示。

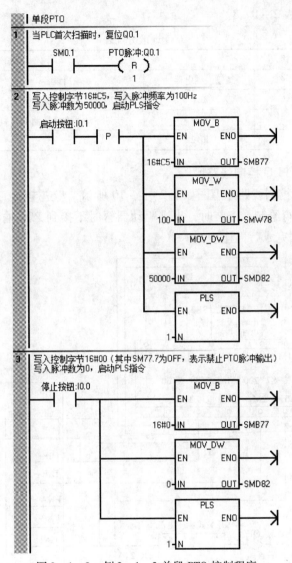

图 2 − 1 − 9　例 2 − 1 − 3 单段 PTO 控制程序

S7 − 200 SMART CPU 提供了 PTO、PWM、运动轴及运动轴组四种开环运动控制方法。通过 PLS 指令可以组态为 PTO 或 PWM 输出，通过 PWM 向导也可以组态为 PWM 输出，通过运动控制向导可以组态为运动控制输出。扫描右侧二维码，可了解 PTO 脉冲的多段管道化、多段 PTO 初始化、PWM 操作与编程及运动轴控制。

任务实施

一、分配 I/O 地址

I/O 地址分配见表 2 − 1 − 8。

表 2 − 1 − 8　　　　　　　　　　　I/O 地址分配表

输入		输出	
输入设备	输入继电器	输出设备	输出继电器
正转启动按钮 SB1	I0.0	步进驱动器步进脉冲 PUL +	Q0.0
反转启动按钮 SB2	I0.1	步进驱动器方向控制 DIR +	Q0.2
停止按钮 SB3	I0.2		

二、绘制并安装 PLC 控制线路

步进电动机 PLC 控制线路原理图如图 2 − 1 − 10 所示，步进电动机 PLC 控制线路接线图请读者自行绘制。安装时，步进驱动器暂时不接到 PLC 输出端 Q0.0 和 Q0.2，待模拟调试完成后再连接。

步进驱动器
的接线方法

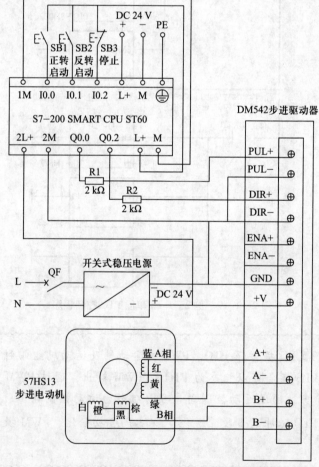

图 2 − 1 − 10　步进电动机 PLC 控制线路原理图

步进驱动器有共阳极和共阴极两种接法，采用哪一种接法与控制信号有关。S7 - 200 SMART CPU ST60 输出信号是 + 24 V 高电平信号（即 PNP 接法），步进驱动器必须采用共阴极接法，即步进驱动器的 PUL - 端和 DIR - 端与直流电源的负极连接，PUL + 端和 DIR + 端分别与 PLC 的 Q0.0 和 Q0.2 连接。这样，脉冲控制信号由 Q0.0 端输出，通过 PUL + 端输入步进驱动器，方向信号由 Q0.2 端输出，通过 DIR + 端输入步进驱动器。另外，需在 PLC 输出端 Q0.0 和 Q0.2 分别串联一个约 2 kΩ/0.25 W 的限流电阻。如果步进驱动器支持 5 ~ 24 V 的控制信号输入，则不需要接限流电阻。

三、设计梯形图程序

编辑符号表，如图 2 - 1 - 11 所示。

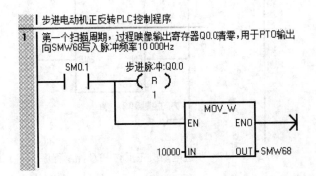

图 2 - 1 - 11　符号表

步进电动机正、反转及停止运行时 Q0.0、Q0.2 的工作情况为：正转运行时 Q0.0 输出脉冲，Q0.2 为 OFF；反转运行时 Q0.0 输出脉冲，Q0.2 为 ON；停止运行时 Q0.0 不输出脉冲，Q0.2 为 OFF。

由于步进电动机正、反转的转速相同，并且转过相同的角度，所以，步进电动机正转和反转需要的脉冲串的脉冲频率和脉冲数相同，即步进电动机正、反转需要的脉冲串的控制参数相同。因此，本任务采用单段 PTO 编程即可实现控制。

采用 PLS 指令设计的步进电动机正反转 PLC 控制程序如图 2 - 1 - 12 所示，语句表程序请读者自行编写。

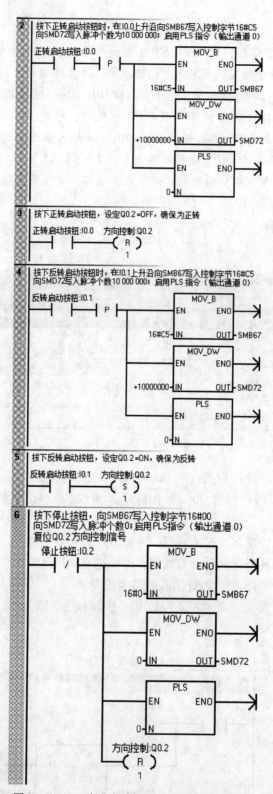

图 2 - 1 - 12　步进电动机正反转 PLC 控制程序

四、模拟调试

按照 PLC 用户程序模拟调试的方法，利用程序状态监控或状态图表监控进行模拟调试。

五、联机调试

模拟调试成功后，接上实际的负载，设置步进驱动器的参数，按照表 2 - 1 - 9 的步骤进行联机调试，同时注意观察和记录。其中，设置步进驱动器参数的方法如下：

1. 设置步进电动机的工作电流

使用步进驱动器上的电流拨码开关（SW1 ~ SW4）设置步进电动机的工作电流。若 57HS13 步进电动机电流峰值为 2.84 A，则将动态电流设定拨码开关 SW1 和 SW2 置 ON，SW3 置 OFF，半流/全流模式设定拨码开关 SW4 置 OFF（半流）即可。

2. 设置细分数

使用步进驱动器上的细分拨码开关（SW5 ~ SW8）设置细分数。在系统频率允许的情况下，尽量选用大细分数。例如，选择细分数为 100（20 000 步/转），则将 SW5 ~ SW8 分别设定为 ON、OFF、OFF、OFF。

表 2 - 1 - 9　　　　　　　　　　　　　　　联机调试记录表

步骤	操作内容	观察内容	观察结果
1	合上电源开关 QF	以太网状态指示灯、CPU 状态指示灯、I/O 状态指示灯及步进驱动器指示灯的状态	
2	通过编程软件，将 PLC 置于 RUN 模式		
3	按下正转启动按钮 SB1	I/O 状态指示灯的状态，步进驱动器及步进电动机的工作情况	
4	按下反转启动按钮 SB2		
5	按下停止按钮 SB3		
6	通过编程软件，将 PLC 置于 STOP 模式	CPU 状态指示灯和 I/O 状态指示灯的状态	
7	关断电源开关 QF		

📖 **任务测评**

清扫工作台面，整理技术文件，并参考表 1 - 1 - 7 进行任务测评。

任务2　两台 PLC 之间的以太网通信

学习目标

1. 了解 S7 - 200 SMART 通信协议与资源。

2. 了解以太网通信和西门子 S7 协议。

3. 掌握网络读/写指令的功能、表示形式和使用方法。

4. 能使用网络读/写指令编写应用程序。

📖 **任务引入**

PLC 的通信包括 PLC 与 PLC 之间、PLC 与上位计算机之间以及 PLC 与其他智能设备之间的通信。PLC 系统与通用计算机可以直接相连或通过通信处理单元、通信转接器相连构成网络，以实现信息的交换，并可构成集中管理、分散控制的分散控制系统（distributed control system，DCS），满足工厂自动化系统发展的需要。

S7-200 SMART CPU（固件版本 V2.0 及以上）可实现 CPU、编程设备和人机接口（human machine interface，HMI，如文本显示器、操作员面板、触摸屏等）之间的多种通信，包括 CPU 与编程设备之间的数据交换、CPU 与 HMI 之间的数据交换以及 CPU 与其他 S7-200 SMART CPU 之间的以太网通信。

图 2-2-1 所示为两台 S7-200 SMART CPU 通过西门子 CSM 1277 交换机和上位计算机进行以太网通信的示意图。

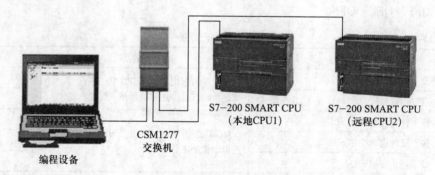

图 2-2-1 两台 S7-200 SMART CPU 之间的以太网通信示意图

本任务要求使用 PLC 功能指令中的网络读/写指令，设计两台 S7-200 SMART CPU 之间的以太网通信系统，实现两台电动机的启停控制，并完成安装和调试。控制要求如下：

1. 两台 S7-200 SMART CPU 各控制一台电动机。本地电动机的启动按钮 SB1（本地 CPU1 的 I0.0）和停止按钮 SB2（本地 CPU1 的 I0.1）控制远程电动机（远程 CPU2 的 Q0.0）的连续运行和停止。远程电动机的启动按钮 SB3（远程 CPU2 的 I0.0）和停止按钮 SB4（远程 CPU2 的 I0.1）控制本地电动机（本地 CPU1 的 Q0.0）的连续运行和停止。

2. 具有短路、过载保护等必要的保护措施。

本任务中两台 S7-200 SMART CPU 之间的以太网通信是通过以太网进行两台 CPU 之间的数据交换，从而实现两台电动机的启停控制。S7-200 SMART CPU 的以太网端口有很强的通信功能，实现两台 S7-200 SMART CPU 之间的以太网通信，关键要做好以下三个方面：第一是使用以太网电缆进行物理连接；第二是遵守西门子 S7 通信协议，设置通信参数；第三是使用网络读/写指令（GET/PUT 指令）编写通信程序。

实施本任务所使用的实训设备可参考表 2-2-1。

表 2 - 2 - 1　　　　　　　　　　　　　　　实训设备清单

序号	设备名称	型号及规格	数量	单位	备注
1	微型计算机	装有 STEP 7 - Micro/WIN SMART 软件	1	台	
2	编程电缆	以太网电缆	3	条	
3	可编程序控制器	S7 - 200 SMART CPU SR60	2	台	配 C45 导轨
4	开关式稳压电源	S - 150 - 24，AC 220 V/DC 24 V，150 W	1	台	
5	交换机	西门子 CSM 1277	1	台	
6	低压断路器	Multi9 C65N C20，单极	5	个	
7	低压断路器	Multi9 C65N D20，三极	2	个	
8	熔断器	RT28 - 32/4	6	个	
9	按钮	LA10 - 2H	2	个	
10	交流接触器	CJX2 - 1211，线圈 AC 220 V	2	个	
11	热继电器	JR36 - 20，整定范围 1.5 ~ 2.4 A	2	个	
12	接线端子排	TB - 1520，20 位	2	条	
13	配电盘	600 mm × 900 mm	2	块	
14	三相异步电动机	Y80M2 - 4，0.75 kW	2	台	

📖 相关知识

一、S7 - 200 SMART 通信协议与资源

每个 S7 - 200 SMART 标准型 CPU 模块都提供一个以太网端口和一个 RS - 485 端口（编号为 Port 0），标准型 CPU 额外支持可选信号板 CM01（编号为 Port 1），CM01 可通过 STEP 7 - Micro/WIN SMART 软件组态为 RS - 232 或 RS - 485 通信端口。S7 - 200 SMART CPU 可实现 CPU、编程设备和 HMI 之间的多种通信，S7 - 200 SMART 通信协议与资源见表 2 - 2 - 2。

表 2 - 2 - 2　　　　　　　　　　S7 - 200 SMART 通信协议与资源

通信分类	资源	最大连接资源数
以太网通信 （以太网端口，支持西门子 S7 协议）	CPU 与 STEP 7 - Micro/WIN SMART 软件之间的数据交换	1 个
	CPU 与 HMI 之间的数据交换	8 个
	CPU 与其他 S7 - 200 SMART CPU 之间的 GET/PUT 通信	8 个主动连接， 8 个被动连接
	注：上述总计最多 25 个连接资源可以同时使用	
	CPU 与第三方设备之间的 Open IE（TCP、ISO on TCP、UDP）通信	8 个主动连接， 8 个被动连接
	CPU 与 I/O 设备之间的 PROFINET 通信	8 个连接
	CPU 与 I/O 控制器之间的 PROFINET 通信	1 个连接

续表

通信分类	资源	最大连接资源数
串口通信 （RS-485/RS-232 通信端口）	CPU 与 HMI 之间的数据交换（PPI 协议）	4 个连接
	CPU 使用自由端口模式与其他设备之间的串行通信（如 XMT/RCV 通信、Modbus RTU 通信、USS 通信）	—

注：S7-200 SMART CPU 的 RS-485/RS-232 端口不再支持 CPU 之间的 PPI 通信

S7-200 SMART 标准型 CPU 模块本体集成的 RS-485 通信端口和可选信号板上的 RS-232/RS-485 通信端口可以设置为自由端口模式，CPU 使用自由端口模式与其他设备进行串行通信。扫描右侧二维码，可了解 S7-200 SMART CPU 的 XMT/RCV 通信和 Modbus RTU 通信。

二、以太网通信

以太网是一种差分（多点）网络，最多可有 32 个网段、1 024 个节点。以太网可实现高速（高达 100 Mbit/s）、长距离（铜缆：最远约为 1.5 km；光纤：最远约为 4.3 km）数据传输。编程设备、CPU、HMI 显示器等西门子设备可以通过开放式用户通信（open user communication，OUC）、PROFINET 通信、Web 服务器（HTTPS）等方式进行以太网通信。

S7-200 SMART CPU 的以太网端口有直接连接和网络连接两种连接方法。

1. 直接连接

当一个 S7-200 SMART CPU 与一个编程设备、HMI 或另外一个 S7-200 SMART CPU 通信时，使用的是直接连接的方式。直接连接不需要使用交换机，用网线直接连接两个设备即可，如图 2-2-2 所示。

2. 网络连接

当两个以上的通信设备进行通信时，需要使用交换机来实现网络连接。可以使用导轨安装的西门子 CSM 1277 四端口交换机连接多个 CPU 和 HMI 设备，如图 2-2-3 所示。

三、西门子 S7 协议

西门子 S7 协议是专为西门子控制产品优化设计的通信协议，它是面向连接的协议，在进行数据交换之前，必须与通信伙伴建立连接。面向连接的协议具有较高的安全性。

这里的连接是指两个通信伙伴为了实现通信服务建立的逻辑链路，而不是两个站之间用物理媒体（如电缆）实现的连接。S7 连接是需要组态的静态连接，静态连接要占用 CPU 的连接资源。

S7 连接分为单向连接和双向连接，S7-200 SMART 只具备 S7 单向连接功能。单向连接中的客户端是向服务器请求服务的设备，客户端调用 GET/PUT 指令读/写服务器的存储区。服务器是通信中的被动方，用户无须编写服务器的 S7 通信程序，S7 通信由服务器的操作系统完成。

四、GET/PUT 指令

GET/PUT 指令用于 S7-200 SMART CPU 之间的以太网通信，也可以用于 S7-200 SMART 和 S7-300/400/1200/1500 之间的以太网通信。GET/PUT 指令的梯形图、语句表、

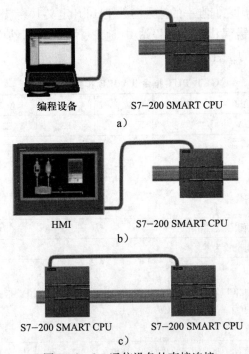

图 2 - 2 - 2　通信设备的直接连接

a）CPU 与编程设备的连接　b）CPU 与 HMI 的连接　c）两个 CPU 的连接

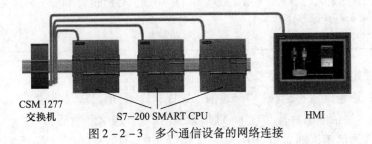

图 2 - 2 - 3　多个通信设备的网络连接

操作数及数据类型见表 2 - 2 - 3。

表 2 - 2 - 3　　　　GET/PUT 指令的梯形图、语句表、操作数及数据类型

指令名称	梯形图	语句表	操作数及数据类型
网络读指令（GET 指令）	GET ─ EN　　ENO ─ ─ TABLE	GET　TABLE	TABLE：IB、QB、VB、MB、SMB、SB、* VD、* LD、* AC 数据类型：字节
网络写指令（PUT 指令）	PUT ─ EN　　ENO ─ ─ TABLE	PUT　TABLE	

GET 指令和 PUT 指令用它们唯一的输入参数 TABLE 定义 16 字节的数据（见表 2 - 2 - 4），该表格定义 3 个状态位、错误代码、远程站 IP 地址、指向远程站中数据区的指针和数据长度、指向本地站中数据区的指针。

表 2 - 2 - 4　　　　　　　　　　GET/PUT 指令 TABLE 参数的定义

字节偏移量	位 7	位 6	位 5	位 4	位 3	位 2	位 1	位 0
0	D	A	E	0	E3	E2	E1	E0
1	远程站 IP 地址：将要访问的数据所处 CPU 的地址							
2								
3								
4								
5	保留 =0（必须设置为零）							
6	保留 =0（必须设置为零）							
7	指向远程站（此 CPU）中数据区的指针（I、Q、M、V 或 DB1）：指向远程站（此 CPU）中将要访问的数据的间接指针							
8								
9								
10								
11	数据长度：远程站中将要访问的数据的字节数（PUT 指令为 1 ~ 212 字节，GET 指令为 1 ~ 222 字节）							
12	指向本地站（此 CPU）中数据区的指针（I、Q、M、V 或 DB1）：指向本地站（此 CPU）中将要访问的数据的间接指针							
13								
14								
15								

TABLE 参数定义的第一个字节为状态字节，各位的含义如下。

D（done）：通信完成标志位。0 = 通信未完成；1 = 通信已成功完成。

A（active）：通信激活标志位。0 = 通信未激活；1 = 通信已激活。

E（error）：通信错误标志位。0 = 通信无错误；1 = 通信有错误（需要查询错误代码）。

错误代码（E3、E2、E1、E0）：如果执行 GET/PUT 指令后通信错误标志位 E 为 1，则返回一个错误代码。GET/PUT 指令 TABLE 参数的错误代码及其说明见表 2 - 2 - 5。

表 2 - 2 - 5　　　　　　　GET/PUT 指令 TABLE 参数的错误代码及其说明

E3、E2、E1、E0	错误代码	说明
0000	0	无错误
0001	1	GET/PUT 参数表中存在非法参数： （1）本地区域不包括 I、Q、M 或 V （2）本地区域的大小不足以提供请求的数据长度 （3）对于 GET 指令，数据长度为 0 或大于 222 字节；对于 PUT 指令，数据长度为 0 或大于 212 字节 （4）远程区域不包括 I、Q、M 或 V （5）远程 IP 地址是非法的（0.0.0.0） （6）远程 IP 地址为广播地址或组播地址 （7）远程 IP 地址与本地 IP 地址相同 （8）远程 IP 地址位于不同的子网

E3、E2、E1、E0	错误代码	说明
0010	2	当前处于活动状态的 GET/PUT 指令过多（仅允许 16 个）
0011	3	无可用连接。当前所有连接都在处理未完成的请求
0100	4	从远程 CPU 返回的错误： (1) 请求或发送的数据过多 (2) STOP 模式下对 Q 存储器执行写入操作 (3) 存储区处于写保护状态（参见系统数据块 SDB 组态）
0101	5	与远程 CPU 之间无可用连接： (1) 远程 CPU 无可用的服务器连接 (2) 与远程 CPU 之间的连接丢失（CPU 断电、物理断开）
0110 ~ 1001	6 ~ 9	未使用（保留以供将来使用）
1010 ~ 1111	A ~ F	

　　GET 指令启动以太网端口的通信操作，按表 2 – 2 – 4 的定义从远程设备读取最多 222 字节的数据。PUT 指令启动以太网端口的通信操作，按表 2 – 2 – 4 的定义将最多 212 字节的数据写入远程设备。而 S7 – 200 CPU 之间使用网络读/写指令（NETR/NETW 指令）只能读/写 MPI 网络上远程站点最多 16 字节的数据。

　　程序中可以有任意数量的 GET 和 PUT 指令，但在同一时间最多只能激活 16 个 GET 和 PUT 指令。例如，在给定的 CPU 中可以同时激活 8 个 GET 和 8 个 PUT 指令，也可以同时激活 6 个 GET 和 10 个 PUT 指令。

　　当执行 GET 或 PUT 指令时，CPU 与 GET/PUT 指令 TABLE 参数中的远程 IP 地址建立以太网连接，该 CPU 可同时保持最多 8 个连接。连接建立后，该连接将一直保持到 CPU 进入 STOP 模式为止。

　　针对所有与同一 IP 地址直接相连的 GET/PUT 指令，CPU 采用单一连接。例如，远程 IP 地址为 192.168.2.10，如果同时启用 3 个 GET 指令，则会在一个 IP 地址为 192.168.2.10 的以太网连接上按顺序执行这些 GET 指令。

　　如果用户尝试创建第 9 个连接（第 9 个 IP 地址），CPU 将在所有连接中搜索，查找处于未激活状态时间最长的一个连接。CPU 将断开该连接，然后再与新的 IP 地址创建连接。

　　【例 2 – 2 – 1】　图 2 – 2 – 4 所示为两台 S7 – 200 SMART CPU 通过西门子 CSM 1277 交换机实现以太网通信的网络配置图，图中 CPU1 为主动端，其 IP 地址为 192.168.2.100，调用 PUT/GET 指令；CPU2 为被动端，其 IP 地址为 192.168.2.101，不调用 GET/PUT 指令。通信任务是将 CPU1 的实时时钟信息写入 CPU2，将 CPU2 中的实时时钟信息读取到 CPU1 中。主动端 CPU1 编程和被动端 CPU2 编程如下：

1. 主动端 CPU1 编程

　　图 2 – 2 – 5 所示的主动端 CPU1 的控制程序中包含读取 CPU1 实时时钟（相关指令参见课题一任务 4 二维码内容）、初始化 PUT/ GET 指令的 TABLE 参数表、调用 PUT 指令和 GET 指令等功能。

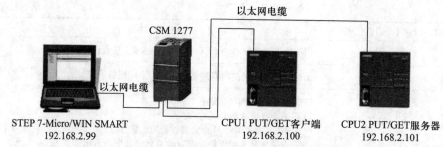

图 2 – 2 – 4　S7 – 200 SMART CPU 以太网通信网络配置图

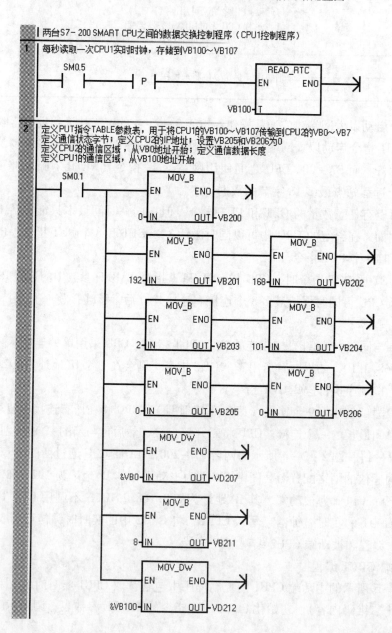

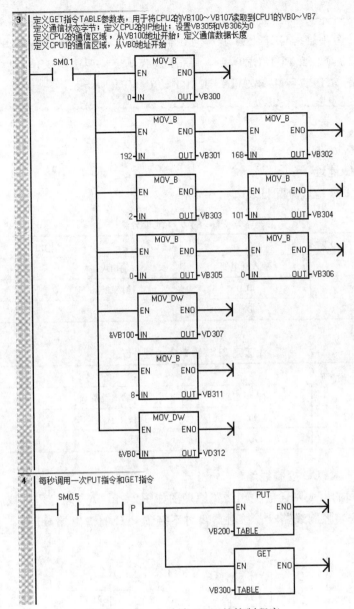

图 2-2-5 主动端 CPU1 的控制程序

2. 被动端 CPU2 编程

被动端 CPU2 的控制程序只需包含一条语句用于读取 CPU2 的实时时钟并将其存储到 VB100 ~ VB107，如图 2-2-6 所示。

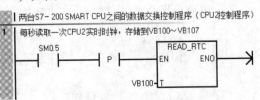

图 2-2-6 被动端 CPU2 的控制程序

使用 Get/Put
向导的以太网
通信编程方法

使用 Get/Put 向导组态 GET/PUT 操作可以简化 GET/PUT 指令的编程。该向导最多允许组态 16 项独立 PUT/GET 操作，并生成代码块协调这些操作。扫描右侧二维码，可了解 STEP 7 – Micro/WIN SMART 的 Get/Put 向导。

任务实施

一、分配 I/O 地址

两台 PLC 的 I/O 地址分配见表 2 – 2 – 6 和表 2 – 2 – 7。

表 2 – 2 – 6　　　　　　　　　　　　本地 PLC 的 I/O 地址分配表

输入		输出	
输入设备	输入继电器	输出设备	输出继电器
本地启动按钮 SB1	I0. 0	本地接触器 KM1	Q0. 0
本地停止按钮 SB2	I0. 1		

表 2 – 2 – 7　　　　　　　　　　　　远程 PLC 的 I/O 地址分配表

输入		输出	
输入设备	输入继电器	输出设备	输出继电器
远程启动按钮 SB3	I0. 0	远程接触器 KM2	Q0. 0
远程停止按钮 SB4	I0. 1		

二、绘制并安装 PLC 控制线路

两台 PLC 之间的以太网通信控制线路原理图如图 2 – 2 – 7 所示，PLC 控制线路接线图请读者自行绘制。安装控制线路时，接触器暂时不接到 PLC 的输出端 Q0.0，待模拟调试程序通过后再连接。

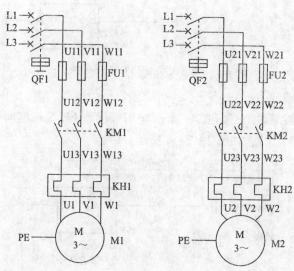

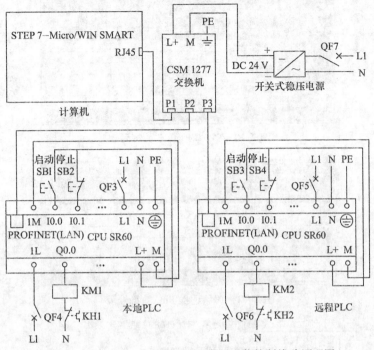

图 2 - 2 - 7　两台 PLC 之间的以太网通信控制线路原理图

交换机是以太网的核心设备。使用西门子 CSM 1277 交换机可以有效降低具有交换功能的工业以太网总线或星形网络的安装成本。扫描右侧二维码，可了解西门子 CSM 1277 交换机的操作说明。

三、设计梯形图程序

硬件组态时，选择实际使用的两台 CPU SR60 模块，可以利用系统块设置 CPU 模块上电后进入 RUN 模式，如图 2 - 2 - 8 所示。

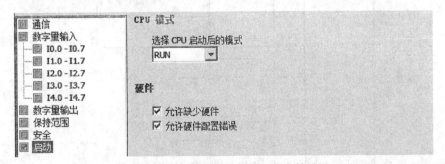

图 2 - 2 - 8　系统块"启动"节点的设置

编辑两台 PLC 的符号表，如图 2 - 2 - 9 和图 2 - 2 - 10 所示。

本地 PLC 的梯形图控制程序如图 2 - 2 - 11 所示，语句表程序请读者自行编写。

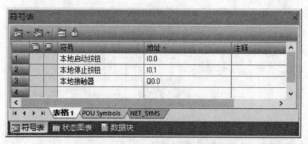

图 2-2-9 本地 PLC 的符号表

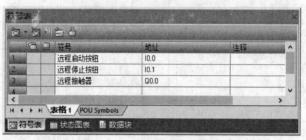

图 2-2-10 远程 PLC 的符号表

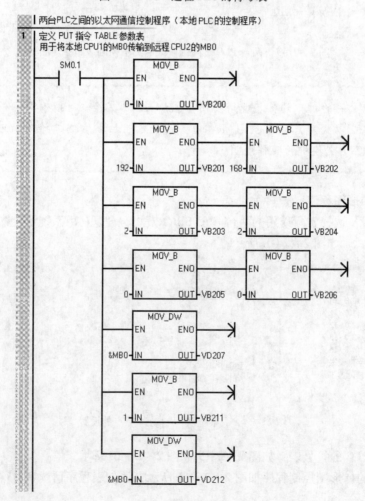

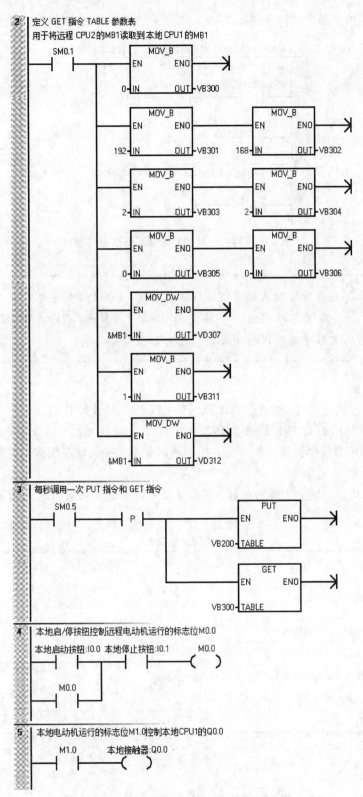

图 2 – 2 – 11　本地 PLC 的梯形图控制程序

远程 PLC 的梯形图控制程序如图 2 – 2 – 12 所示，语句表程序请读者自行编写。

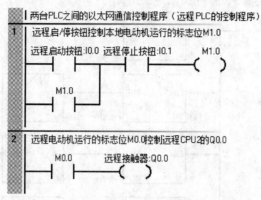

图 2 – 2 – 12　远程 PLC 的梯形图控制程序

使用 GET/PUT 指令进行以太网通信编程略显烦琐，Get/Put 向导可以简化以太网通信编程。扫描右侧二维码，可了解使用 STEP 7 – Micro/WIN SMART 的 Get/Put 向导进行以太网通信编程的方法。

四、模拟调试

建立以太网通信连接时，本地 CPU1 和远程 CPU2 的 IP 地址分别设置为 192.168.2.1 和 192.168.2.2，计算机的 IP 地址设置为 192.168.2.3。

按照 PLC 用户程序模拟调试的方法，进行程序状态监控或状态图表监控的模拟调试。

五、联机调试

模拟调试成功后，接上实际的负载，按照表 2 – 2 – 8 的步骤进行联机调试，同时注意观察和记录。

表 2 – 2 – 8　　　　　　　　　　　　　　联机调试记录表

步骤	操作内容	观察内容	观察结果
1	合上电源开关 QF1 ~ QF7	交换机 LED 指示灯、以太网状态指示灯、CPU 状态指示灯和 I/O 状态指示灯的状态	
2	按下本地 PLC 的启动按钮 SB1	交换机 LED 指示灯、以太网状态指示灯、CPU 状态指示灯、I/O 状态指示灯的状态，接触器及电动机的运行情况	
3	按下本地 PLC 的停止按钮 SB2		
4	按下远程 PLC 的启动按钮 SB3		
5	按下远程 PLC 的停止按钮 SB4		
6	关断电源开关 QF1 ~ QF7		

任务测评

清扫工作台面，整理技术文件，并参考表 1 – 1 – 7 进行任务测评。

任务3 PLC 与变频器控制电动机多段速度运行

学习目标

1. 了解变频器的电路结构和工作原理，掌握变频器的安装和调试方法。
2. 能正确进行 PLC 和变频器端子的连接，并使用 PLC 控制变频器进行逻辑切换。
3. 能完成 PLC 与变频器构成的调速系统的设计、安装和调试。

任务引入

由于工艺上的需要，很多设备处于不同阶段时需要在不同的电动机转速下运行。为了满足这种需要，变频器提供了多段速度控制功能，它通过外接几个开关器件改变其输入端的状态组合来选择不同的运行频率，从而实现对电动机的多段速度运行控制。PLC 可以提供数字量输出，用来和变频器联机以实现多段速度运行控制。图 2 – 3 – 1 所示为西门子基本型变频器 SINAMICS V20（简称西门子 V20 变频器）。

图 2 – 3 – 1　西门子 V20 变频器

本任务要求使用 S7 – 200 SMART PLC 和西门子 V20 变频器联机实现电动机多段速度运行控制，并完成控制系统的设计、安装和调试。控制要求如下：

1. 按下启动按钮 SB1，电动机启动并运行在第一段，频率为 10 Hz；延时 20 s 后，电动机反向运行在第二段，频率为 30 Hz；再延时 20 s 后，电动机正向运行在第三段，频率为 50 Hz。按下停止按钮 SB2，电动机停止运行。

2. 具有短路保护等必要的保护措施。

变频器的调速方法有键盘调速、多段调速、通信调速、外部模拟量调速等，本任务属于多段调速。本任务的程序设计比较简单，使用基本逻辑指令即可完成。运行调试程序前必须先将变频器参数复位，然后按所用电动机的铭牌设置电动机参数，再根据控制要求设置三段速固定频率控制参数。

实施本任务所使用的实训设备见表 2-3-1。

表 2-3-1　　　　　　　　　　　　　实训设备清单

序号	设备名称	型号及规格	数量	单位	备注
1	微型计算机	装有 STEP 7-Micro/WIN SMART 软件	1	台	
2	编程电缆	以太网电缆或 USB-PPI 电缆	1	条	
3	可编程序控制器	S7-200 SMART CPU SR60	1	台	配 C45 导轨
4	低压断路器	Multi9 C65N D20，三极	1	个	
5	低压断路器	Multi9 C65N C20，单极	1	个	
6	按钮	LA4-2H	1	个	
7	变频器	西门子 V20，三相 400 V，1.5 kW	1	个	FSA（带一个风扇）
8	接线端子排	TB-1520，20 位	1	条	
9	配电盘	600 mm×900 mm	1	块	
10	三相异步电动机	YVF2-80M1-2，0.75 kW，1.83 A	1	台	

相关知识

西门子 V20 变频器是一种用于控制三相鼠笼式异步电动机速度的小型变频器，它由微处理器控制并采用具有现代先进技术水平的绝缘栅双极型晶体管（IGBT）技术，具有调试过程快捷、易于操作、稳定可靠、经济高效等特点，既可用于单独驱动系统，也可以通过输入/输出信号集成到自动化系统中。

西门子 V20 变频器有 9 种框架尺寸（单相交流 230 V 变频器有 FSAA、FSAB、FSAC、FSAD，三相交流 400 V 变频器有 FSA、FSB、FSC、FSD、FSE，FS 为 frame size 的缩写）。不同框架尺寸的变频器，其额定输出功率不同，覆盖范围为 0.12 kW~15 kW。西门子 V20 变频器具有 PID 参数自整定功能，能实现控制器参数的优化。此外，西门子 V20 变频器集成了 USS 和 Modbus RTU 通信功能，预设参数定义在连接宏中，可以通过 RS-485 通信端口使用 USS 协议与西门子 PLC 通信，使用 Modbus RTU 协议与 PLC 及 HMI（如 SMART 700 IE）通信。

一、变频器电路和变频器的安装

1. 变频器电路

如图 2-3-2 所示，西门子 V20 变频器电路主要包括主电路和控制电路两部分。主电路完成电能的转换（整流、逆变），控制电路完成信息的收集、变换和传输。

在主电路中，首先输入单相或三相恒压恒频的交流电，经过整流模块并通过滤波器滤波后，转换成恒定的直流电，供给逆变模块（IGBT）。逆变模块在 CPU（DSP 处理器部分）的控制下，将恒定的直流电压逆变成电压和频率（频率为 0~600 Hz）均可调的三相交流电压输出给电动机负载。西门子 V20 变频器的直流环节是通过电容进行滤波的，因此属于电压型交—直—交变频器。开关电源通过输入的直流电，为各个模块分配电压。

控制电路由 CPU、模拟量输入（AI 1、AI 2）、数字量输入（DI 1 ~ DI 4）、模拟量输出（AO 1）、晶体管数字量输出（DO 1 +、DO 1 -）、继电器数字量输出（DO 2 NC、DO 2 NO、DO 2 C）、操作板等组成。两个模拟量输入还可以作为数字量输入，通常情况下在端子 1 和端子 2（或 3）之间接一个开关就可以实现从模拟量到数字量的转换。

西门子 V20 变频器的用户端子如图 2 - 3 - 3 所示。

2. 变频器的安装

变频器必须安装在封闭的电气操作区域或控制柜内，并且必须安装保护装置和保护盖。在金属控制柜中安装该设备或采用同等措施安装保护装置时必须防止控制柜外的明火和放射物蔓延。

将变频器垂直安装在非易燃的平坦表面上。西门子 V20 变频器有三种安装方式：壁挂式安装、穿墙式安装和导轨安装。壁挂式安装即直接将变频器安装在其安装壁表面上。穿墙式安装即变频器装好后将散热器延伸至控制柜外，仅适用于框架尺寸 AA、AB、AC、A、B。在控制柜内安装西门子 V20 变频器的安装间距见表 2 - 3 - 2。

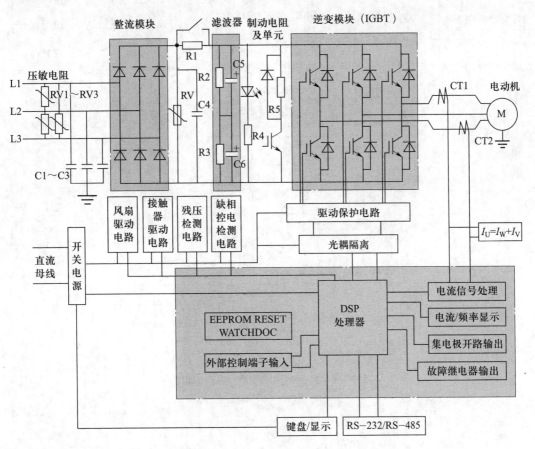

a)

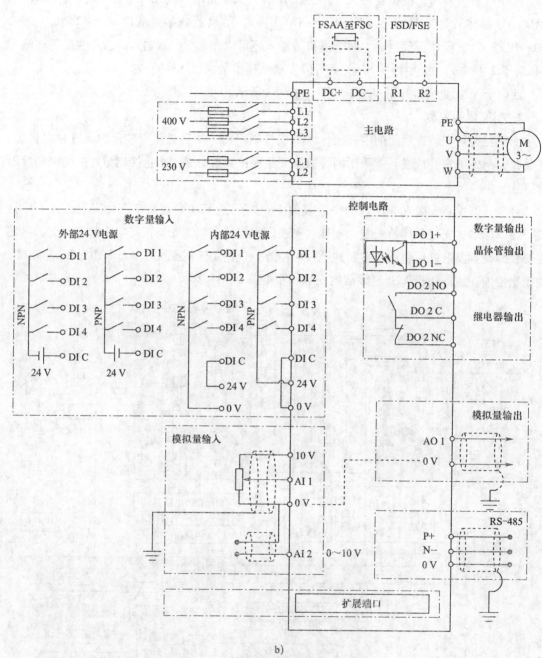

b)

图 2 - 3 - 2 西门子 V20 变频器电路图

a）原理图 b）接线图

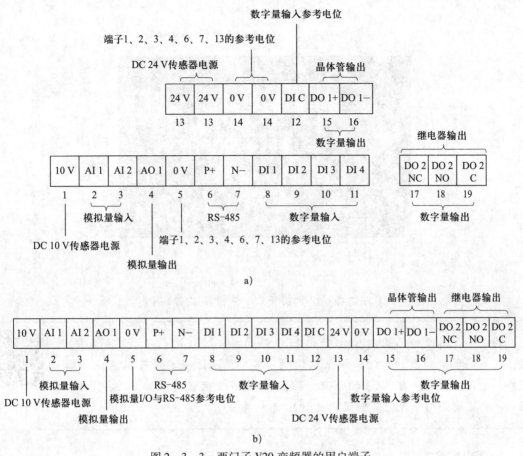

图 2 − 3 − 3　西门子 V20 变频器的用户端子

a）FSAA 至 FSAD　b）FSA 至 FSE

表 2 − 3 − 2　　　　在控制柜内安装西门子 V20 变频器的安装间距

上部	≥ 100 mm	
下部	≥ 100 mm（框架尺寸 AA ~ AD、B ~ E、不带风扇的框架尺寸 A）	
	≥ 85 mm（带风扇的框架尺寸 A）	
侧面	≥ 15 mm	

二、变频器调试

西门子 V20 变频器的上方有一个内置基本操作面板（basic operation panel，BOP），如图 2 − 3 − 4 所示。

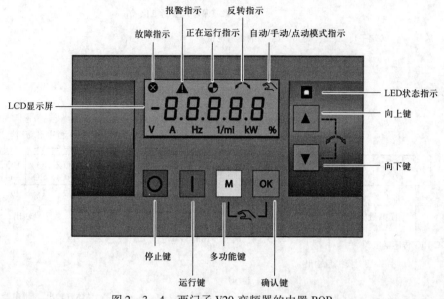

图 2 - 3 - 4 西门子 V20 变频器的内置 BOP

西门子 V20 变频器的内置 BOP 由 LCD 显示屏、LED 状态指示灯和按键组成，可以实现变频器的启动、停止及调试。其中，LCD 显示屏可以显示故障、报警、运行、反转、自动/手动/点动模式等信息及变频器的菜单。扫描右侧二维码，可了解西门子 V20 变频器内置 BOP 的相关知识。

1. 通电前检查

变频器通电之前，必须进行以下检查：

（1）检查所有电缆是否正确连接，是否已采取所有相关的产品、工厂/现场安全防护措施。

（2）确保电动机和变频器的配置对应正确的电源电压。

（3）将所有螺钉拧紧至指定的紧固扭矩。

2. 设置 50/60 Hz 频率选择菜单

50/60 Hz 频率选择菜单仅在变频器首次开机时或进行工厂复位（P0970）后可见。用户可以通过 BOP 选择频率或不做选择直接退出该菜单。在此情况下，该菜单只有在变频器进行工厂复位后才会再次显示。用户也可以通过设置 P0100 的值选择电动机额定频率。

用户需要根据电动机的使用地区设置电动机的基础频率，参数 P0100 的功能及相关描述见表 2 - 3 - 3。通过设置此菜单确定的功率的单位为 kW 或 hp。

表 2 - 3 - 3　　　　　　　　　　参数 P0100 的功能及相关描述

参数	功能	值	描述
P0100	50/60 Hz 频率选择	0	欧洲（kW），50 Hz（工厂默认值）
		1	北美（hp），60 Hz
		2	北美（kW），60 Hz

设置 50/60 Hz 频率选择菜单的操作示例如图 2-3-5 所示。

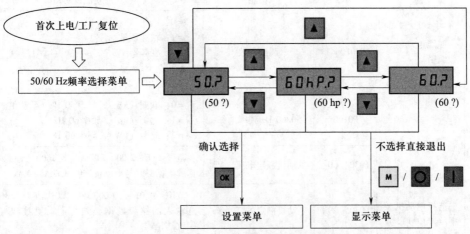

图 2-3-5　设置 50/60 Hz 频率选择菜单的操作示例

3. 电动机试运行

启动电动机进行试运行，便于检查电动机的转速和转动方向是否正确。启动电动机时，变频器必须处于显示菜单画面（默认显示）和通电状态，且参数 P0700（选择命令源）=1。如果变频器当前处于设置菜单画面（变频器显示"P0304"），则应长按（>2 s）多功能键 M 退出设置菜单并进入显示菜单。电动机可以在手动或点动运行模式下启动。

（1）在手动模式下启动电动机的操作步骤如下：

1）按运行键 I 启动电动机。

2）按向上键 ▲ 或向下键 ▼ 改变电动机转速。

3）按向上键 ▲ + 向下键 ▼ 使电动机反转。

4）按停止键 O 使电动机停止运行。

（2）在点动模式下启动电动机的操作步骤如下：

1）按多功能键 M + 确认键 OK，从手动模式切换到点动模式（🔄 图标闪烁）。

2）按运行键 I 启动电动机，松开运行键 I 电动机停止运行。

4. 快速调试

快速调试是指通过设置电动机参数和变频器的命令源及频率给定源，达到简单、快速运转电动机的目的。一般在参数复位操作或更换电动机后需要进行此操作。

内置 BOP 的设置菜单和参数菜单均可用于通过电动机数据和常用参数快速调试变频器。扫描右侧二维码，可了解通过内置 BOP 的设置菜单和参数菜单快速调试变频器的相关知识。

快速调试的步骤及相关参数功能说明见表 2-3-4。

表 2 – 3 – 4 　　　　　　　　快速调试的步骤及相关参数功能说明

步骤	内容	参数	功能	功能说明
1	使能电动机参数编辑	P0010 = 1	调试参数	=0：就绪 =1：快速调试 =2：变频器 =29：下载 =30：出厂设置
2	选择电动机频率（P0100）并配置电动机参数（P0304 ~ P0311）	P0100	50/60 Hz 频率选择	=0：欧洲（kW），频率 50 Hz（默认值） =1：北美（hp），频率 60 Hz =2：北美（kW），频率 60 Hz
		P0304 [0]	电动机额定电压（V）	范围：10 ~ 2 000（默认值为 400）。注意输入的铭牌数据必须与电动机接线（Y/Δ）一致
		P0305 [0]	电动机额定电流（A）	范围：0.01 ~ 10 000.00（默认值为 1.86）。注意输入的铭牌数据必须与电动机接线（Y/Δ）一致
		P0307 [0]	电动机额定功率（kW 或 hp）	范围：0.01 ~ 2 000.00（默认值为 0.75） （1）如果 P0100 = 0 或 2，则单位为 kW （2）如果 P0100 = 1，则单位为 hp
		P0310 [0]	电动机额定频率（Hz）	范围：12.00 ~ 550.00（默认值为 50.00）
		P0311 [0]	电动机额定转速（r/min）	范围：0 ~ 40 000（默认值为 1 395）
3	设置通用参数	P0700 [0]	控制源选择	=1：操作面板（工厂默认值） =2：端子 =5：RS – 485 上的 USS/Modbus 通信 说明：更改此参数值会复位所选命令源上的所有设置和所有 BI 参数至工厂默认值
		P1000 [0]	频率设定值选择	范围：0 ~ 77 =0：无主设定值 =1：MOP（电动电位计）给定 =2：模拟量设定值 1 =3：固定频率 =5：RS – 485 上的 USS/Modbus 通信 =7：模拟量设定值 2 更多设置参见 SINAMICS V20 变频器操作说明
		P1080 [0]	最低频率（Hz）	范围：0.00 ~ 550.00（默认值为 0.00） 此参数设定的值对正转和反转都有效
		P1082 [0]	最高频率（Hz）	范围：0.00 ~ 550.00（默认值为 50.00） 此参数设定的值对正转和反转都有效
		P1120 [0]	斜坡上升时间或加速时间（s）	范围：0.00 ~ 650.00（默认值为 10.00） 加速时间表示电动机从静止状态加速到最高频率需要的时间。设定变频器加速时间的基本原则是在电动机启动电流不超过允许值的前提下尽可能地缩短加速时间。如果设定的加速时间太短，则可能会因为过电流而导致变频器跳闸

步骤	内容	参数	功能	功能说明
3	设置通用参数	P1121 [0]	斜坡下降时间或减速时间（s）	范围：0.00～650.00（默认值为10.00） 减速时间表示电动机从最高频率减速到静止状态需要的时间。设定减速时间考虑的主要因素是拖动系统的惯性。一般情况下，惯性越大，设定的减速时间越长。如果设定的减速时间太短，则可能会因为过电流或过电压而导致变频器跳闸
4	完成快速调试	P3900 = 3	结束快速调试	=0：不快速调试 =1：结束快速调试，并将除快速调试以外的参数恢复至工厂设定值 =2：结束快速调试 =3：仅对电动机数据结束快速调试

5. 功能调试

功能调试是指用户按照具体生产工艺的需要进行的设置操作。这一部分的调试工作比较复杂，常常需要在现场进行多次调试。

（1）数字量输入功能。西门子 V20 变频器包含了 4 个数字量输入端子，每个数字量输入端子都有一个对应的参数来设定该端子的功能，见表 2 - 3 - 5。

表 2 - 3 - 5　　　　　　　　西门子 V20 变频器的 4 个数字量输入端子

端子编号	参数	功能	工厂默认值	功能说明
8（DI 1）	P0701 [0]	数字量输入1	0	范围：0～99 =0：禁止数字量输入 =1：ON/OFF1（接通正转/断开停车1） =2：ON（反转）/OFF1（接通反转/断开停车1） =3：OFF2（按惯性自由停车） =4：OFF3（快速斜坡下降停车） =5：ON/OFF2（接通正转/断开停车2） =9：故障确认
9（DI 2）	P0702 [0]	数字量输入2	0	=10：正转点动 =11：反转点动 =12：反转（与正转命令配合使用） =13：MOP升速（提高频率） =14：MOP减速（降低频率）
10（DI 3）	P0703 [0]	数字量输入3	9	=15：固定频率选择器位0 =16：固定频率选择器位1 =17：固定频率选择器位2 =18：固定频率选择器位3 =22：快速停车命令源1 =23：快速停车命令源2 =24：快速停车超驰 =25：直流制动使能
11（DI 4）	P0704 [0]	数字量输入4	15	=27：PID 使能 =29：外部跳闸 =33：禁止附加频率设定值 =99：BICO（区块链互操作性和兼容性）参数设置使能

说明："ON/OFF1"只能用于一个数字量输入（如 P0700 = 2，P0701 = 1）。通过设置 P0702 = 1 配置数字量输入 2 时，如果同时设 P0701 = 0，则会禁用数字量输入 1。只有最后一个生效的数字量输入才能用作命令源。数字量输入"ON/OFF1"可结合另一数字量输入"ON（反转）/OFF1"使用

（2）固定频率设定值功能（不用连接宏的功能）。固定频率也称为多段速，即设置参数 P1000 = 3 的条件下，用数字量输入端子选择固定频率的组合，实现电动机多段速运行。使用固定频率设定值功能的数字量输入接线如图 2 - 3 - 2 中的"数字量输入"点划线框所示。一般情况下，西门子 V20 变频器固定频率参数的设置步骤见表 2 - 3 - 6。

表 2 - 3 - 6 　　　　　　　　　　西门子 **V20** 变频器固定频率参数的设置步骤

步骤	内容	参数说明
1	恢复出厂默认设置	P0003：用户访问级别（=3，专家级） P0010：调试参数（=30，出厂设置） P0970：工厂复位（=21，将所有参数及用户默认值复位至工厂默认设置）
2	设置电动机数据	P0100：电动机的功率单位和基础频率 P0304：电动机额定电压 P0305：电动机额定电流 P0307：电动机额定功率 P0308：电动机额定功率因数（cosφ） P0309：电动机额定效率（%） P0310：电动机额定频率 P0311：电动机额定转速
3	选择控制源和频率设定值	P0700：选择控制源（=2，端子） P1000：选择频率设定值（=3，固定频率）
4	设置数字量输入功能	P0701：数字量输入 1 的功能 P0702：数字量输入 2 的功能 P0703：数字量输入 3 的功能 P0704：数字量输入 4 的功能
5	设置固定频率模式和固定频率	P1016：固定频率模式（=1，直接选择；=2，二进制编码选择） （1）直接选择（P1016 =1） 在此模式下，1 个固定频率选择器位（P1020 ~ P1023）选择 1 个固定频率（P1001 ~ P1004） 如果多个输入同时激活，则所选择的频率相加 示例：固定频率 1（P1001）+ 固定频率 2（P1002）+ 固定频率 3（P1003）+ 固定频率 4（P1004） （2）二进制编码选择（P1016 =2） 在此模式下，4 个固定频率选择器位（P1020 ~ P1023）最多可选择 15 个不同的固定频率（P1001 ~ P1015）
6	设置最低/最高频率及斜坡时间	P1080：最低频率 P1082：最高频率 P1120：斜坡上升时间或加速时间 P1121：斜坡下降时间或减速时间
7	设置其他参数	P1032：禁止 MOP 反向（=0，允许反向） P1300：控制方式（=0，具有线性特性的 V/F 控制）

西门子 V20 变频器固定频率设定值功能包括直接选择和二进制编码选择两种模式。

1）直接选择模式。假设变频器由端子控制，DI 1 为启动/停止命令，DI 2 选择固定频率值 1，DI 3 选择固定频率值 2，DI 4 选择固定频率值 3，当 DI 2、DI 3 和 DI 4 中的两个及以上被激活时，频率给定值为对应的固定频率之和。西门子 V20 变频器使用直接选择模式实现电动机7段速度运行控制，参数设置见表2-3-7。

表2-3-7　　　　西门子 V20 变频器固定频率（直接选择模式）参数设置

参数	设置	描述
P0700［0］	2	控制源为端子
P1000［0］	3	选择固定频率
P1016［0］	1	固定频率模式为直接选择
P0701［0］	1	DI 1 的功能为 ON/OFF1 命令
P0702［0］	15	DI 2 的功能为固定频率选择器位 0
P0703［0］	16	DI 3 的功能为固定频率选择器位 1
P0704［0］	17	DI 4 的功能为固定频率选择器位 2
P1001［0］	5.00	固定频率1 为 5 Hz
P1002［0］	15.00	固定频率2 为 15 Hz
P1003［0］	25.00	固定频率3 为 25 Hz

另外，通过 BICO 连接的方法也可以实现同样功能，参数设置见表2-3-8。

表2-3-8　西门子 V20 变频器固定频率（直接选择模式 BICO 连接）参数设置

参数	设置	描述
P0700［0］	2	控制源为端子
P1000［0］	3	选择固定频率
P1016［0］	1	固定频率模式为直接选择
P0701［0］	99	使能 DI 1 的 BICO 参数功能
P0702［0］	99	使能 DI 2 的 BICO 参数功能
P0703［0］	99	使能 DI 3 的 BICO 参数功能
P0704［0］	99	使能 DI 4 的 BICO 参数功能
P0840［0］	722.0	ON/OFF1 功能选择为 DI 1
P1020［0］	722.1	固定频率选择器位 0 功能选择为 DI 2
P1021［0］	722.2	固定频率选择器位 1 功能选择为 DI 3
P1022［0］	722.3	固定频率选择器位 2 功能选择为 DI 4
P1001［0］	5.00	固定频率1 为 5 Hz
P1002［0］	15.00	固定频率2 为 15 Hz
P1003［0］	25.00	固定频率3 为 25 Hz

按照上述参数设置后，根据 DI2、DI3 和 DI4 的不同组合可得到不同的频率给定值，具

体见表 2 - 3 - 9。

表 2 - 3 - 9　　　　　西门子 V20 变频器的频率给定值（直接选择模式）

DI 4	DI 3	DI 2	频率给定值/Hz
0	0	0	0
0	0	1	5
0	1	0	15
1	0	0	25
0	1	1	20
1	0	1	30
1	1	0	40
1	1	1	45

2）二进制编码选择模式。假设变频器由端子控制，DI 1、DI 2、DI 3 和 DI 4 组成选择固定频率值的 4 个二进制位，DI 4 对应二进制位的最高位，DI 1 对应二进制位的最低位，根据 DI 1 ~ DI 4 的激活情况组成二进制数 0000 ~ 1111，对应十进制数 0 ~ 15。其中，0 对应频率 0 Hz，1 ~ 15 分别选择固定频率 1（P1001）~ 固定频率 15（P1015）。任意一个或多个 DI 触发时变频器均可启动运行，所有 DI 均未触发时变频器停止运行。西门子 V20 变频器使用二进制编码选择模式实现电动机 15 段速度运行控制，参数设置见表 2 - 3 - 10。

表 2 - 3 - 10　　　西门子 V20 变频器固定频率（二进制编码选择模式）参数设置

参数	设置	描述
P0700 [0]	2	控制源为端子
P1000 [0]	3	选择固定频率
P1016 [0]	2	固定频率模式为二进制编码选择
P0701 [0]	15	DI 1 的功能为固定频率选择器位 0
P0702 [0]	16	DI 2 的功能为固定频率选择器位 1
P0703 [0]	17	DI 3 的功能为固定频率选择器位 2
P0704 [0]	18	DI 4 的功能为固定频率选择器位 3
P0840 [0]	1025. 0	ON/OFF1 功能选择为任意一个或多个 DI
P1001 [0]	5. 00	固定频率 1 为 5 Hz
P1002 [0]	10. 00	固定频率 2 为 10 Hz
P1003 [0]	15. 00	固定频率 3 为 15 Hz
P1004 [0]	20. 00	固定频率 4 为 20 Hz
P1005 [0]	25. 00	固定频率 5 为 25 Hz
P1006 [0]	30. 00	固定频率 6 为 30 Hz
P1007 [0]	32. 00	固定频率 7 为 32 Hz

参数	设置	描述
P1008 [0]	34.00	固定频率 8 为 34 Hz
P1009 [0]	36.00	固定频率 9 为 36 Hz
P1010 [0]	38.00	固定频率 10 为 38 Hz
P1011 [0]	40.00	固定频率 11 为 40 Hz
P1012 [0]	42.50	固定频率 12 为 42.5 Hz
P1013 [0]	45.00	固定频率 13 为 45 Hz
P1014 [0]	47.50	固定频率 14 为 47.5 Hz
P1015 [0]	50.00	固定频率 15 为 50 Hz

通过 BICO 连接的方法也可以实现同样功能，参数设置见表 2 - 3 - 11。

表 2 - 3 - 11　西门子 V20 变频器固定频率（二进制编码选择模式 BICO 连接）参数设置

参数	设置	描述
P0700 [0]	2	控制源为端子
P1000 [0]	3	选择固定频率
P1016 [0]	2	固定频率模式为二进制编码选择
P0701 [0]	99	使能 DI 1 的 BICO 参数功能
P0702 [0]	99	使能 DI 2 的 BICO 参数功能
P0703 [0]	99	使能 DI 3 的 BICO 参数功能
P0704 [0]	99	使能 DI 4 的 BICO 参数功能
P0840 [0]	1025.0	ON/OFF1 功能选择为任意一个或多个 DI
P1020 [0]	722.0	固定频率选择器位 0 功能选择为 DI 1
P1021 [0]	722.1	固定频率选择器位 1 功能选择为 DI 2
P1022 [0]	722.2	固定频率选择器位 2 功能选择为 DI 3
P1023 [0]	722.3	固定频率选择器位 3 功能选择为 DI 4
P1001 [0]	5.00	固定频率 1 为 5 Hz
P1002 [0]	10.00	固定频率 2 为 10 Hz
P1003 [0]	15.00	固定频率 3 为 15 Hz
P1004 [0]	20.00	固定频率 4 为 20 Hz
P1005 [0]	25.00	固定频率 5 为 25 Hz
P1006 [0]	30.00	固定频率 6 为 30 Hz
P1007 [0]	32.00	固定频率 7 为 32 Hz
P1008 [0]	34.00	固定频率 8 为 34 Hz
P1009 [0]	36.00	固定频率 9 为 36 Hz

续表

参数	设置	描述
P1010 [0]	38.00	固定频率 10 为 38 Hz
P1011 [0]	40.00	固定频率 11 为 40 Hz
P1012 [0]	42.50	固定频率 12 为 42.5 Hz
P1013 [0]	45.00	固定频率 13 为 45 Hz
P1014 [0]	47.50	固定频率 14 为 47.5 Hz
P1015 [0]	50.00	固定频率 15 为 50 Hz

参数 $r1025.0$ 表示固定频率状态，当作为固定频率选择器位的任意一个或多个 DI 触发时，$r1025.0 = 1$，否则 $r1025.0 = 0$。设置 P0840 [0] = 1025.0，实现了 DI 既作为频率选择，又作为 ON/OFF1 命令的功能。该功能的设置方式在西门子 V20 变频器中与在西门子 MM4 变频器中不同，后者可在固定频率选择方式参数（P1016、P1017、P1018、P1019、P1025、P1027）中选择"直接选择 + ON"或"二进制编码选择 + ON"命令实现该功能。

按照上述参数设置后，根据 DI 1、DI 2、DI 3 和 DI 4 的不同组合可得到不同的频率给定值，具体见表 2 - 3 - 12。

表 2 - 3 - 12　　　西门子 V20 变频器的频率给定值（二进制编码选择模式）

DI 4	DI 3	DI 2	DI 1	频率给定值/Hz
0	0	0	0	0
0	0	0	1	5
0	0	1	0	10
0	0	1	1	15
0	1	0	0	20
0	1	0	1	25
0	1	1	0	30
0	1	1	1	32
1	0	0	0	34
1	0	0	1	36
1	0	1	0	38
1	0	1	1	40
1	1	0	0	42.5
1	1	0	1	45
1	1	1	0	47.5
1	1	1	1	50

6. 恢复默认设置

恢复默认设置包括恢复用户默认设置和恢复出厂默认设置，相关参数及功能说明见表 2 – 3 – 13。

表 2 – 3 – 13　　　　　西门子 V20 变频器恢复默认设置的相关参数及功能说明

参数	功能	功能说明
P0003	用户访问级别	=1：标准用户访问级别
P0010	调试参数	=30：出厂设置
P0970	工厂复位	=1：参数复位为已存储的用户默认设置，如未存储则复位为出厂默认设置（恢复用户默认设置） =21：参数复位为出厂默认设置并清除已存储的用户默认设置（恢复出厂默认设置）

注：设置参数 P0970 后，变频器会显示"88888"字样且随后显示"P0970"。P0970 及 P0010 自动复位至初始值 0

S7 – 200 SMART CPU 模块本体集成的 RS – 485 端口在自由端口模式下可以支持 USS 协议。这是因为 S7 – 200 SMART 自由端口模式的（硬件）字符传输格式可以定义为 USS 通信对象需要的模式。扫描右侧二维码，可了解 S7 – 200 SMART 与西门子 V20 变频器的 USS 协议通信。

任务实施

一、分配 I/O 地址

本任务中，启动按钮 SB1 和停止按钮 SB2 属于 PLC 输入设备，变频器属于 PLC 输出设备。其中，Q0.0 接变频器数字量输入端子 DI 1，作为电动机运行/停止（ON/OFF）控制端；Q0.1 ~ Q0.3 分别接变频器数字量输入端子 DI 2 ~ DI 4，用于电动机三段固定频率控制。I/O 地址分配见表 2 – 3 – 14。

表 2 – 3 – 14　　　　　　　　　　　I/O 地址分配表

输入		输出	
输入设备	输入继电器	输出设备	输出继电器
启动按钮 SB1	I0.0	变频器数字量输入端子 8（DI 1）	Q0.0
停止按钮 SB2	I0.1	变频器数字量输入端子 9（DI 2）	Q0.1
		变频器数字量输入端子 10（DI 3）	Q0.2
		变频器数字量输入端子 11（DI 4）	Q0.3

二、绘制并安装 PLC 控制线路

PLC 与变频器控制电动机多段速运行的控制线路原理图如图 2 – 3 – 6 所示，PLC 控制线路接线图请读者自行绘制。安装时，变频器暂时不接到 PLC 输出端，待模拟调试完成后再连接。

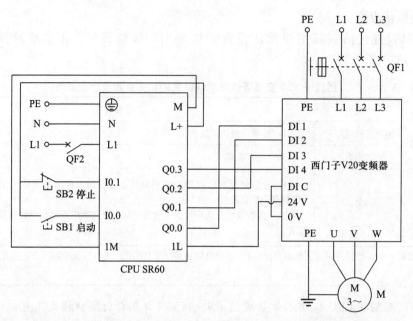

图 2－3－6　PLC 与变频器控制电动机多段速运行控制线路原理图

三、设计梯形图程序

编辑符号表，如图 2－3－7 所示。

符号表

	符号	地址	注释
1	启动按钮SB1	I0.0	常开按钮
2	停止按钮SB2	I0.1	常闭按钮
3	正转	Q0.0	数字量输入端子DI 1
4	低速	Q0.1	数字量输入端子DI 2
5	中速	Q0.2	数字量输入端子DI 3
6	高速	Q0.3	数字量输入端子DI 4

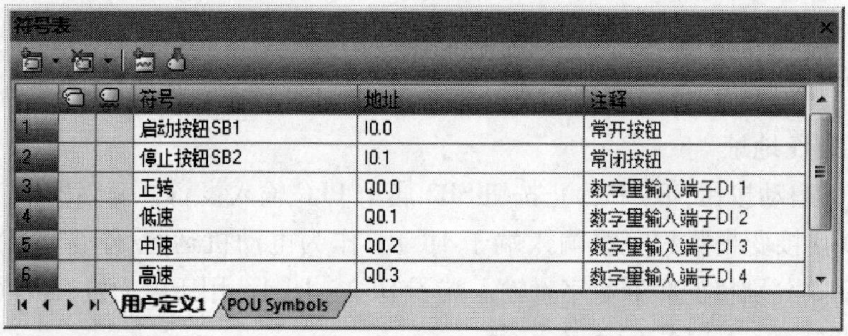

图 2－3－7　符号表

PLC 与变频器控制电动机多段速运行的梯形图程序应包括以下控制内容：

1. 按下启动按钮 SB1 时，PLC 的 Q0.0 应置位为 ON，允许电动机正转启动运行。
2. PLC 输出继电器状态和变频器运行频率见表 2－3－15。

表 2－3－15　**PLC 输出继电器状态和变频器运行频率**

段速序号/状态	Q0.3	Q0.2	Q0.1	Q0.0	运行频率/Hz
停止	0	0	0	0	0
1	0	0	1	1	10
2	0	1	0	1	－30
3	1	0	0	1	50

3. 按下停止按钮 SB2 时，PLC 的 Q0.0 应复位为 OFF，电动机停止运行。

PLC 与变频器控制电动机多段速运行的梯形图如图 2－3－8 所示，语句表程序请读者自行编写。

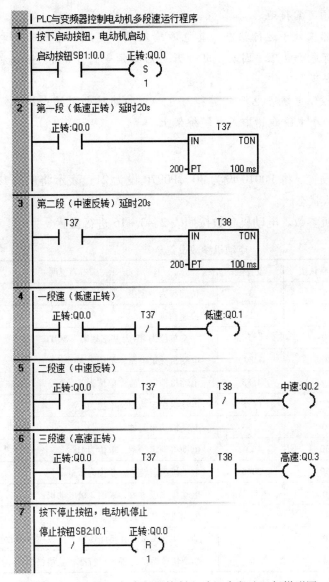

图 2－3－8   PLC 与变频器控制电动机多段速运行梯形图

四、模拟调试

按照 PLC 用户程序模拟调试的方法，进行程序状态监控或状态图表监控的模拟调试。

五、联机调试

1. 变频器与 PLC 连接

根据图 2－3－6 所示控制线路原理图，完成变频器与 PLC 的连接，并检查确认线路连接正确。

注意

（1）安装、拆卸、连接变频器或改变变频器接线之前，必须断开电源。

（2）变频器必须可靠接地。

（3）即使变频器未处于运行状态，其电源输入线、直流回路端子和电动机端子上仍然可能带有危险电压。因此，断开开关后必须等待 5 min，保证变频器放电完毕，再开始安装等工作。

变频器的
接线

（4）变频器的控制电缆、电源电缆和与电动机的连接电缆的走线必须相互隔离，不能放在同一个电缆线槽中或电缆桥架上。

2. 变频器调试

（1）恢复出厂设置。将 P0010 设为 30，P0970 设为 21，表示将所有参数及设置复位至工厂默认状态。

（2）设置电动机参数。电动机参数按照表 2 - 3 - 16 进行设置。

变频器的
调试

表 2 - 3 - 16　　　　　　　　　　　电动机参数设置

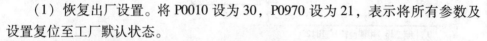

参数	工厂默认值	设置值	说明
P0003	1	3	访问级为专家级
P0010	0	1	快速调试
P0100	0	0	功率单位为 kW，基础频率为 50 Hz
P0304 [0]	400	380	电动机额定电压，单位为 V
P0305 [0]	1.86	1.83	电动机额定电流，单位为 A
P0307 [0]	0.75	0.75	电动机额定功率，单位为 kW
P0308 [0]	0	0.83	电动机功率因数（$\cos\varphi$）
P0310 [0]	50	50	电动机额定频率，单位为 Hz
P0311 [0]	1395	2845	电动机额定转速，单位为 r/min
P0314 [0]	0	1	电动机磁极对数，采用 2 极电动机
P0335 [0]	0	0	电动机冷却方式为自冷
P3900	0	1	结束快速调试，并将除快速调试以外的参数恢复至工厂设定值
P0010	0	0	结束快速调试，进入运行准备就绪状态

注意

上述电动机参数要根据西门子 V20 变频器连接的实际电动机的铭牌数据进行设置。要设置参数 P0304、P0305、P0307、P0310 和 P0311，必须先将参数 P0010 设为 1（快速调试模式）。

（3）设置三段固定频率控制参数。将西门子 V20 变频器数字量输入端子 DI 1 设定为电动机运行/停止控制端，由参数 P0701 设置。端子 DI 2、DI 3、DI 4 通过参数 P0702、P0703、

P0704设定为三段固定频率控制端，每一频段的频率分别由参数P1001~P1003设置，具体见表2-3-17。

表2-3-17　　　　　　　　　　　三段固定频率控制参数表

参数	工厂默认值	设置值	说明
P0003	1	3	访问级为专家级
P0700 [0]	1	2	控制源为端子
P0701 [0]	0	1	电动机运行/停止
P0702 [0]	0	15	固定频率选择器位0
P0703 [0]	9	16	固定频率选择器位1
P0704 [0]	15	17	固定频率选择器位2
P1000 [0]	1	3	固定频率
P1001 [0]	10	10	选择固定频率1
P1002 [0]	15	-30	选择固定频率2
P1003 [0]	25	50	选择固定频率3
P1031 [0]	1	1	MOP模式
P1032 [0]	1	0	禁止MOP反向设定值选择：=0，允许反向；=1，禁止反向
P1047 [0]	10	10	RFG（斜坡函数发生器）的MOP斜坡上升时间，单位为s
P1048 [0]	10	10	RFG的MOP斜坡下降时间，单位为s
P1082 [0]	50	50	最高频率，单位为kHz

西门子V20变频器的四个数字量输入端子（DI 1~DI 4）中，哪一个作为电动机运行/停止控制端，哪些作为多段频率控制端，是可以由用户任意确定的。但是，一旦确定了某一数字量输入端子的控制功能，其内部参数的设置值必须与端子的控制功能相对应。在多段速频率控制中，电动机的运转方向由参数P1001~P1003所设置频率的正负决定。

3. 系统调试

按照表2-3-18进行系统调试，观察系统运行情况并做好记录。

表2-3-18　　　　　　　　　　　联机调试步骤及运行情况记录表

步骤	操作内容	观察内容	观察结果
1	合上电源开关QF1和QF2	以太网状态指示灯、CPU状态指示灯和I/O状态指示灯的状态	
2	通过编程软件，将PLC置于RUN模式		
3	按下启动按钮SB1	I/O状态指示灯状态、变频器显示状态及电动机运行情况	
4	按下停止按钮SB2		
5	通过编程软件，将PLC置于STOP模式	以太网状态指示灯、CPU状态指示灯和I/O状态指示灯的状态	
6	关断电源开关QF1和QF2		

PLC 是专为工业环境设计的控制装置，一般不需要采取特殊措施，就可以直接在工业环境中使用，但如果生产环境过于恶劣，电磁干扰特别强烈或安装使用不当，也无法保证系统的正常安全运行。扫描右侧二维码，可了解提高 PLC 控制系统硬件可靠性的措施。

任务测评

清扫工作台面，整理技术文件，并参考表 1−1−7 进行任务测评。

任务4　PLC、触摸屏与变频器联机的小车运料控制

学习目标

1. 了解人机界面和触摸屏。
2. 掌握组态软件 WinCC flexible SMART V3 的使用方法。
3. 能完成 PLC、触摸屏与变频器联机的小车运料控制系统的设计、安装和调试。

任务引入

图 2−4−1 所示为小车运料工作示意图。小车停在 A 点时，按下启动按钮，装料阀打开，5 s 后小车启动前进，到达 B 点后小车停止，由人工卸料，10 s 后自行后退，到达 A 点后停止，重新装料，如此循环下去。

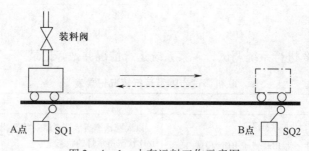

图 2−4−1　小车运料工作示意图

本任务要求完成 PLC、触摸屏与变频器联机的小车运料控制系统的设计、安装和调试。任务要求如下：

1. 小车的前进和后退由三相异步电动机拖动，用西门子 V20 变频器实现调速，小车前进时电动机工作频率为 20 Hz，小车后退时电动机工作频率为 −30 Hz。

2. 若小车启动前不在 A 点，可以通过点动调整按钮让小车前进或后退，再按下停止按钮，使小车完成本次循环后停在 A 点，前面循环过的次数仍然保留，在完成全部工作并再次启动时才清零。

3. 本系统的操作由西门子 Smart 700 IE V3 触摸屏实现，触摸屏上应有必要的数值显示、数值输入、位状态显示等，参考操作画面如图 2－4－2 所示。

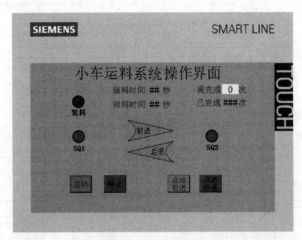

图 2－4－2　小车运料控制系统的参考操作画面

4. 具有短路保护等必要的保护措施。

本任务是使用 PLC、触摸屏和变频器联合控制小车运料工作的典型 PLC 综合应用实例，其中系统的操作在 Smart 700 IE V3 触摸屏上实现，用西门子 V20 变频器实现小车前进、后退的控制。

本任务要求将启动按钮、停止按钮、点动前进按钮、点动后退按钮等输入设备用触摸屏上的触摸键来代替。左限位开关和右限位开关不属于人工操作性质的输入设备，因此不需要制作触摸键，仍然将其与 PLC 的输入端子连接。另外，为了符合安全规范，在使用触摸屏人机界面的任何控制系统中都必须安装紧急停止开关。因此，急停按钮也要与 PLC 的输入端子连接，使小车能够立即停止运行，即小车的运行既可以通过触摸屏上的"停止"触摸键来停止（小车完成本次循环后停在 A 点），也可以通过与 PLC 的输入端子连接的急停按钮来停止（在任意时刻立即停止）。

根据任务提供的参考操作画面，触摸屏上应包含左限位开关 SQ1 和右限位开关 SQ2 两个输入设备的位状态显示以及小车装料、前进和后退三个输出设备的位状态显示。另外，还应包含小车装料时间、小车卸料时间和已完成循环的次数三个数值显示以及需要完成循环次数的数值输入键。PLC 和触摸屏是通过与变频器联机控制实现小车低速前进和高速后退的，所以变频器属于 PLC 的输出设备。另外，小车装料动作用接触器工作来代替，因此接触器也属于 PLC 的输出设备。

本任务使用基本控制指令设计小车运料工作控制程序。由于在 PLC 的基础上加入了触摸屏控制和变频器调速，因此，不仅要考虑加入触摸屏后触摸屏的变量与 PLC 寄存器的对应关系以及相关梯形图的编写，还要考虑加入变频器调速后一些参数的设置以及相应程序的设计。

实施本任务所使用的实训设备可参考表 2 − 4 − 1。

表 2 − 4 − 1 实训设备清单

序号	设备名称	型号、规格	数量	单位	备注
1	微型计算机	装有 STEP 7 − Micro/WIN SMART 软件和 WinCC flexible SMART V3 软件	1	台	
2	编程电缆	以太网电缆	3	条	
3	可编程序控制器	S7 − 200 SMART CPU SR60	1	台	配 C45 导轨
4	触摸屏	西门子 Smart 700 IE V3	1	台	
5	交换机	西门子 CSM 1277	1	台	
6	变频器	西门子 V20，三相 400 V，1.1 kW，3.1 A	1	台	FSA（带一个风扇）
7	开关式稳压电源	S − 150 − 24，AC 220 V/DC 24 V，150 W	1	台	
8	交流接触器	CJX2 − 1211，线圈 AC 220 V	1	个	
9	低压断路器	Multi9 C65N C20，单极	3	个	
10	低压断路器	Multi9 C65N D20，三极	1	个	
11	急停按钮	XB2BS542C	1	个	
12	行程开关	JLXK1 − 111	2	个	
13	接线端子排	TB − 1520，20 位	1	条	
14	配电盘	600 mm × 900 mm	1	块	
15	三相异步电动机	YVF2 − 80M1 − 2，0.75 kW，1.83 A	1	台	

相关知识

一、人机界面与触摸屏

1. 人机界面

人机界面（HMI）又称为人机接口，是在操作人员与设备之间提供直接对话并能使操作人员控制和监视设备运行的设备部件。人机界面可以在恶劣的工业环境中长时间连续运行，是 PLC 的最佳搭档。

人机界面用字符、图形和动画动态显示现场数据和状态，操作员可以通过人机界面来控制现场的被控对象。此外，人机界面还有报警、用户管理、数据记录、趋势图、配方管理、显示和打印报表、通信等功能。人机界面最基本的功能是显示现场设备（通常是 PLC，以下默认为 PLC）中位变量的状态和寄存器中数字变量的值，通过监控画面上的按钮可以向 PLC 发出各种命令以及修改寄存器中的参数。人机界面具有强大的通信功能，一般有串行通信端口，如 RS − 232C 和 RS − 422/RS − 485 端口，有的还有 USB 和以太网端口。人机界面能与各主要生产厂家的 PLC 通信，也能与运行它的组态软件的计算机通信。

人机界面产品由硬件和软件两部分组成，硬件部分包括处理器、存储器、显示单元、输入单元、通信接口等，其中处理器的性能决定了 HMI 产品的性能，是人机界面的核心单元。人机界面软件一般分为两部分，即运行于人机界面硬件中的系统软件和运行于计算机

Windows操作系统中的画面组态软件。

使用者必须先使用人机界面的画面组态软件制作项目文件，再通过计算机和人机界面产品的串行通信端口，将制作好的项目文件下载到人机界面的处理器中运行。

（1）对监控画面组态

首先需要用计算机上运行的组态软件对人机界面进行组态，生成满足用户要求的人机界面画面，实现人机界面的各种功能。画面的生成是可视化的，一般不需要用户编程。组态软件的使用简单方便，很容易掌握。

（2）编译和下载项目文件

编译项目文件是指将用户生成的画面和设置的信息转换成人机界面可以执行的文件。编译成功后，需要将可执行文件下载到人机界面的存储器中。

（3）控制系统运行

控制系统运行过程中，人机界面和PLC之间通过通信来交换信息，从而实现人机界面的各种功能。只要对通信参数进行简单的组态，就可以实现人机界面与PLC的通信。将画面中的图形对象与PLC的存储器地址联系起来，就可以在控制系统运行时实现PLC与人机界面之间的自动数据交换。

根据功能的不同，工业人机界面习惯上被分为文本显示器、触摸屏和工业触摸一体机（又称工业平板电脑）三大类，如图2-4-3所示。

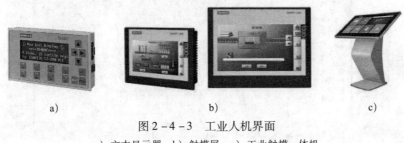

a)   b)   c)

图2-4-3　工业人机界面

a）文本显示器　b）触摸屏　c）工业触摸一体机

2. 触摸屏

触摸屏是人机界面的发展方向之一，用户可以在触摸屏画面上生成满足自己要求的触摸式按键。触摸屏的使用直观方便，易于操作。触摸屏画面上的按钮和指示灯可以取代相应的硬件元件，减少了PLC需要的I/O点数，降低了系统的成本，提高了设备的性能和附加价值。

触摸屏系统一般包括检测装置和控制器两个部分。检测装置安装在显示器的表面，用于检测用户的触摸位置，再将该处的信息传送给触摸屏控制器。控制器的主要作用是接收来自检测装置的触摸信息，并将它转换成触点坐标，判断出触摸的意义后传送给PLC。同时它能接收PLC发来的命令并加以执行，如动态地显示数字量和模拟量等。

触摸屏的本质是传感器。根据传感器类型的不同，触摸屏大致可分为红外线式、电阻式、表面声波式和电容式四种。其中电容式触摸屏适合在恶劣环境下使用，应用最广泛。

S7-200 SMART系列PLC支持Smart Line（精彩面板）、Comfort Panel（精智面板）和Basic Panel（精简面板）三个系列的西门子触摸屏。图2-4-3b中的两个触摸屏（Smart

700 IE 和 Smart 1000 IE）是专门为 S7－200 和 S7－200 SMART PLC 配套的西门子触摸屏，显示器的对角线尺寸分别为 7 in 和 10 in。

二、组态软件 WinCC flexible SMART V3 的界面

WinCC flexible 是西门子人机界面的组态软件，具有简单、高效、易于上手、功能强大的优点，基于表格的编辑器简化了变量、文本、报警信息等的生成和编辑。通过图形化配置，简化了复杂的组态任务。WinCC flexible 可以处理 Windows 字体，还可以使用图库中大量的图形对象，快速、方便地生成各种美观的画面。

组态软件的
界面

Smart 700 IE V3 触摸屏使用 WinCC flexible SMART V3 组态软件进行组态。WinCC flexible SMART V3 组态软件的界面如图 2－4－4 所示。

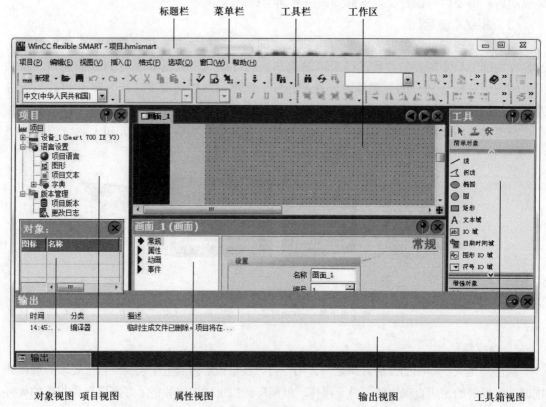

图 2－4－4　WinCC flexible SMART V3 组态软件的界面

1. 标题栏、菜单栏和工具栏

标题栏显示项目的名称。菜单栏用来选择组态软件的各项命令（包括项目、编辑、视图、插入、格式、选项、窗口、帮助），选择这些命令会弹出相应的下拉菜单，每一个下拉菜单可以执行一项命令操作。工具栏显示项目、编辑、视图等功能的按钮。通过操作来了解菜单栏中的各项命令和工具栏中各个按钮是非常重要的。与大部分软件相同，菜单中浅灰色的命令和工具栏中浅灰色的按钮在当前条件下不能使用。例如，只有执行 "编辑" 菜单中的 "复制" 命令后，"粘贴" 命令才会由浅灰色变为黑色，表示该命令可以执行。

2. 项目视图

项目视图的使用方式与 Windows 的资源管理器相似。项目中的各组成部分在项目视图中以树形结构显示，分别为设备、语言设置和版本管理。

项目视图用于创建和打开要编辑的对象。项目视图显示了项目的所有组件和编辑器，并且可以打开这些组件和编辑器。WinCC flexible SMART V3 为每一项组态任务提供了图形编辑器（如"画面"编辑器）和表格式编辑器（如"变量"编辑器）两种不同类型的编辑器。可以通过在项目视图中双击相应的条目来打开编辑器，最多可以同时打开 20 个编辑器。

3. 工作区

用户可以在工作区编辑项目对象。每个编辑器在工作区中以单独的选项卡控件形式打开。同时打开多个编辑器时，只有一个编辑器处于激活状态。在表格式编辑器中，为了便于识别，选项卡上会显示编辑器的名称。

如果工作区太小而无法显示全部选项卡，浏览箭头 将在工作区中激活。若要访问未在工作区中显示的选项卡，可单击相应的浏览箭头。

4. 属性视图

属性视图用于编辑从工作区中选择的对象的属性。属性视图的内容取决于选择的对象。属性视图仅在特定编辑器中可用，一般位于工作区下方。

属性视图显示选定对象的属性，并按类别组织。无效输入将以彩色背景突出显示，同时系统会显示工具提示，帮助用户修正输入。

5. 工具箱视图

工具箱中可以使用的对象与 HMI 设备的型号有关。工具箱包含过程画面中需要经常使用的各种类型的对象，如图形对象、操作员控制元件等。工具箱还提供了许多库，这些库包含许多对象模板和各种不同的面板。可以用"视图"菜单中的"工具"命令显示或隐藏工具箱视图。

当前激活的编辑器不同，工具箱中包含的对象组也不同。当打开"画面"编辑器时，工具箱提供的对象组为简单对象、增强对象、图形和库。不同的人机界面可以使用的对象也不同。简单对象包括线、折线、矩形、文本域、IO 域等，增强对象提供增强功能，这些对象提供了扩展的功能范围，目的之一是动态显示过程，如用户视图、趋势视图、配方视图、报警视图等。

库是工具箱视图元件，是用于存储常用对象的中央数据库。库中的存储对象只需组态一次，便可多次重复使用。

WinCC flexible 的库分为全局库和项目库。全局库存放在 WinCC flexible 的一个文件夹中，可用于所有项目；当前任务中经常需要使用的对象通常存储在本地项目库中，项目库中的元件可以复制到全局库中。

6. 输出视图

输出视图用于显示在项目测试运行或项目一致性检查期间所生成的系统报警。

输出视图通常按报警出现的顺序显示系统报警。系统使用不同的符号将系统报警标识为通知、警告或故障。若要对系统报警进行排序，可单击对应列的标题。可使用快捷菜单跳转到出错位置或变量。

输出视图显示上次操作的所有系统报警。新操作产生的系统报警将覆盖所有先前的系统报警。

可通过"视图"菜单中的"输出"命令来显示或隐藏输出视图。

7. 对象视图

对象视图用来显示在项目视图中指定的文件夹或编辑器中的内容，执行"视图"菜单中的"对象"命令，可以打开或关闭对象视图。

任务实施

一、分配 I/O 地址

根据任务分析，急停按钮 SB、左限位开关 SQ1 和右限位开关 SQ2 属于输入设备，小车装料接触器 KM 和变频器属于输出设备。其中，Q0.4 接变频器数字量输入端子 DI 1，作为小车运行/停止控制端；Q0.5 接变频器数字量输入端子 DI 2，作为小车低速前进控制端；Q0.6 接变频器数字量输入端子 DI 3，作为小车高速后退控制端。I/O 地址分配见表 2 - 4 - 2。

表 2 - 4 - 2   I/O 地址分配表

输入		输出	
输入设备	输入继电器	输出设备	输出继电器
急停按钮 SB	I0.0	小车装料接触器 KM	Q0.0
左限位开关 SQ1	I0.1	变频器数字量输入端子 8（DI 1）	Q0.4
右限位开关 SQ2	I0.2	变频器数字量输入端子 9（DI 2）	Q0.5
		变频器数字量输入端子 10（DI 3）	Q0.6

注意

S7 - 200 SMART 标准型 CPU 模块的输出端子是分组的，其中 Q0.0 ~ Q0.3 和 Q0.4 ~ Q0.7 分属不同的组。同一组的输出端子必须使用同一个电源。小车装料接触器 KM 连接的输出端子 Q0.0 使用了 AC 220 V 电源，则同一组其他输出端子 Q0.1 ~ Q0.3 就不能再连接变频器数字量输入端子 DI 1 ~ DI 3，因为变频器数字量输入端子使用的是 DC 24 V 电源。因此，变频器数字量输入端子 DI 1 ~ DI 3 只能连接另外一组输出端子 Q0.4 ~ Q0.6。

二、绘制并安装 PLC 控制线路

PLC、触摸屏与变频器联机的小车运料控制线路原理图如图 2 - 4 - 5 所示，PLC 控制线路接线图请读者自行绘制。安装时，接触器和变频器暂时不接到 PLC 输出端，待模拟调试完成后再连接。

三、设计梯形图程序

1. 编辑符号表，如图 2 - 4 - 6 所示。

2. 设置触摸屏变量与 PLC 寄存器的对应关系，见表 2 - 4 - 3。

3. PLC、触摸屏与变频器联机的小车运料控制梯形图如图 2 - 4 - 7 所示，语句表程序请读者自行编写。

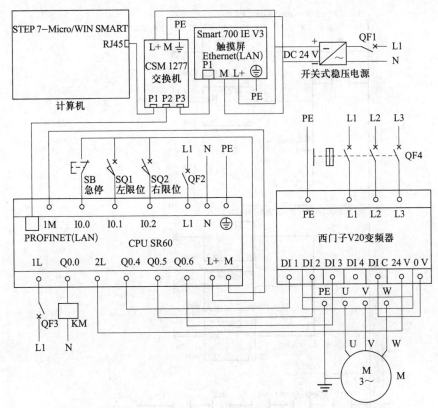

图 2-4-5　PLC、触摸屏与变频器联机的小车运料控制线路原理图

符号表

	符号	地址	注释
1	急停按钮SB	I0.0	常闭按钮
2	左限位开关SQ1	I0.1	
3	右限位开关SQ2	I0.2	
4	装料接触器KM	Q0.0	
5	运行和停止	Q0.4	变频器端子8(DI 1)
6	低速前进	Q0.5	变频器端子9(DI 2)
7	高速后退	Q0.6	变频器端子10(DI 3)

用户定义1　POU Symbols

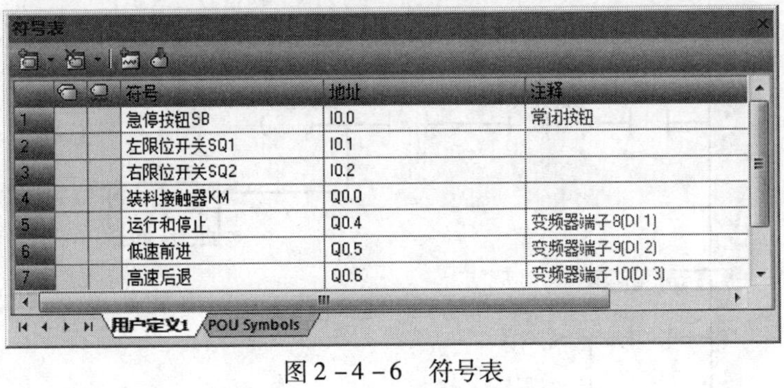

图 2-4-6　符号表

表 2-4-3　　**触摸屏变量与 PLC 寄存器的对应关系**

变量含义	寄存器
启动按钮	M1.0
停止按钮	M1.1
点动前进按钮	M1.2
点动后退按钮	M1.3
装料时间	VW10
卸料时间	VW12
需完成次数	VW14
已完成次数	VW16

| PLC、触摸屏与变频器联机的小车运料控制程序

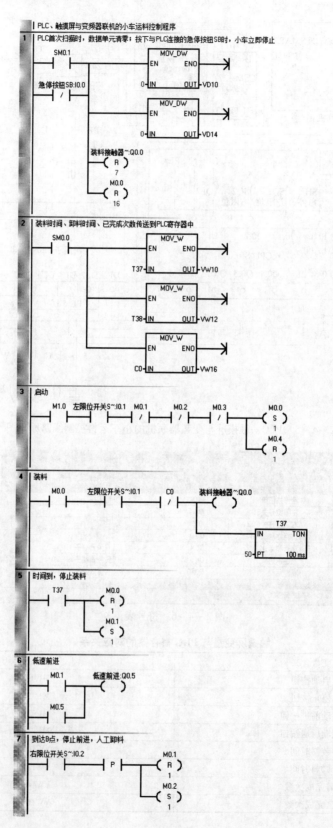

1 | PLC首次扫描时，数据单元清零；按下与PLC连接的急停按钮SB时，小车立即停止

2 | 装料时间、卸料时间、已完成次数传送到PLC寄存器中

3 | 启动

4 | 装料

5 | 时间到，停止装料

6 | 低速前进

7 | 到达B点，停止前进，人工卸料

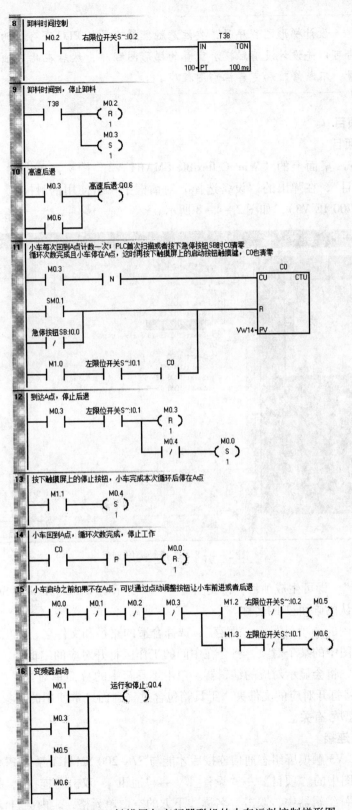

图 2 - 4 - 7 PLC、触摸屏与变频器联机的小车运料控制梯形图

小提示　设计梯形图程序时，要注意触摸屏变量与 PLC 寄存器的对应关系。初学者可以先设计没有触摸屏变量的梯形图程序，然后在此基础上加入触摸屏变量，不断修改和完善梯形图程序。

四、组态项目

1. 创建新项目

双击 Windows 桌面上的"WinCC flexible SMART V3"图标，单击"创建一个空项目"，在弹出的"设备选择"对话框中单击使用的触摸屏型号（Smart 700 IE V3），如图 2 - 4 - 8 所示。

创建新项目、组态通信
连接和组态变量的方法

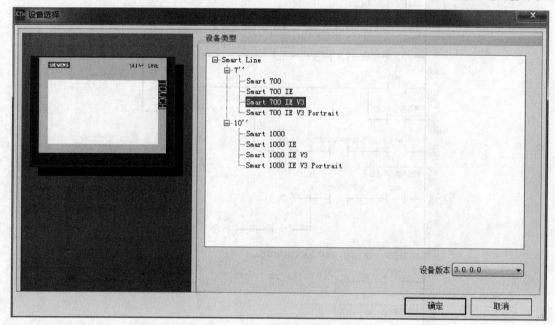

图 2 - 4 - 8　选择触摸屏型号

单击"确定"，即可生成项目，得到图 2 - 4 - 9 所示的 WinCC flexible SMART V3 的主界面，可以修改默认的画面_1 的名称。

单击菜单栏中的"项目"→"保存"，选择合适的路径和文件名，将项目保存。

双击项目视图中的某个对象，将会在中间的工作区打开对应的编辑器。单击工作区中的某个编辑器标签，将会显示对应的编辑器。单击工具箱中的"简单对象""增强对象""图形"或"库"，将打开对应的文件夹。工具箱包含过程画面经常使用的对象，工具箱内的对象与人机界面的型号有关。

2. 组态通信连接

Smart 700 IE V3 触摸屏组态通信连接后才能与 S7 - 200 SMART 系列 PLC 正常通信。

单击项目视图中的"项目"→"设备_1"→"通讯"，双击"连接"，打开"连接"编辑器。在"连接"编辑器中，双击"名称"下方的空白单元格，表内会自动生成一个连接，

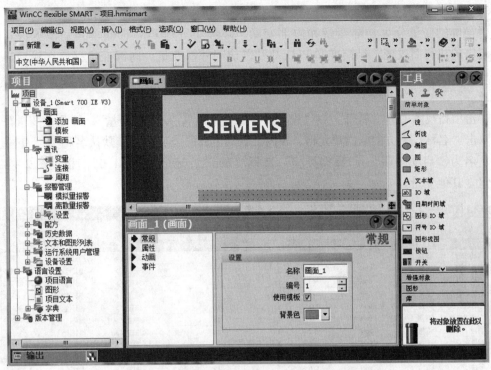

图 2 - 4 - 9 WinCC flexible SMART V3 的主界面

其默认名称为"连接_1","通讯驱动程序"选择"SIMATIC S7 200 Smart"(默认为"SI-MATIC S7 200"),将"在线"设置为"开"。将表下方的"参数"选项卡中的"接口"设置为"以太网","HMI 设备"和"PLC 设备"的 IP 地址分别设置为"192. 168. 2. 3"和"192. 168. 2. 1",如图 2 - 4 - 10 所示。

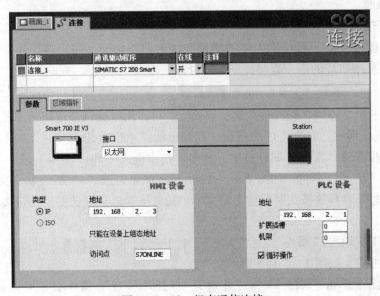

图 2 - 4 - 10 组态通信连接

3. 组态变量

触摸屏的变量分为外部变量和内部变量。外部变量是 PLC 存储单元的映像，其值随 PLC 程序的执行而改变，触摸屏和 PLC 都可以访问外部变量。内部变量存储在触摸屏的存储器中，与 PLC 没有连接关系，只有触摸屏能访问内部变量。内部变量用名称来区分，没有地址。

单击项目视图中的"项目"→"设备_1"→"通讯"，双击"变量"，打开"变量"编辑器，双击"名称"下方的空白单元格，表内会自动生成一个变量，其默认名称为"变量_1"，将其更名为"启动按钮"，"数据类型"选择"Bool"，地址为"M1.0"。根据图 2-4-11 依次建立其他变量。

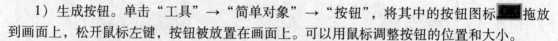

名称	连接	数据类型	地址	数组计数	采集周期	注释	数据记录	记录采集模式	记录周期
启动按钮	连接_1	Bool	M 1.0	1	1 s		<未定义>	循环连续	<未定
停止按钮	连接_1	Bool	M 1.1	1	1 s		<未定义>	循环连续	<未定
点动前进按钮	连接_1	Bool	M 1.2	1	1 s		<未定义>	循环连续	<未定
点动后退按钮	连接_1	Bool	M 1.3	1	1 s		<未定义>	循环连续	<未定
左行程开关	连接_1	Bool	I 0.1	1	1 s		<未定义>	循环连续	<未定
右行程开关	连接_1	Bool	I 0.2	1	1 s		<未定义>	循环连续	<未定
装料	连接_1	Bool	Q 0.0	1	1 s		<未定义>	循环连续	<未定
前进	连接_1	Bool	Q 0.4	1	1 s		<未定义>	循环连续	<未定
后退	连接_1	Bool	Q 0.5	1	1 s		<未定义>	循环连续	<未定
反转	连接_1	Bool	Q 0.6	1	1 s		<未定义>	循环连续	<未定
装料时间	连接_1	Word	VW 10	1	1 s		<未定义>	循环连续	<未定
卸料时间	连接_1	Word	VW 12	1	1 s		<未定义>	循环连续	<未定
需完成次数	连接_1	Word	VW 14	1	1 s		<未定义>	循环连续	<未定
已完成次数	连接_1	Word	VW 16	1	1 s		<未定义>	循环连续	<未定

图 2-4-11 组态变量

4. 组态画面

（1）组态按钮

画面上的按钮与接在 PLC 输入端的物理按钮的功能相同，用来将操作命令发送给 PLC，通过 PLC 的用户程序控制生产过程。

组态按钮的方法

1）生成按钮。单击"工具"→"简单对象"→"按钮"，将其中的按钮图标 拖放到画面上，松开鼠标左键，按钮被放置在画面上。可以用鼠标调整按钮的位置和大小。

2）设置按钮属性。右击生成的按钮，在弹出的菜单中单击"属性"，弹出按钮的属性视图，在属性视图的"常规"属性页中，选中"按钮模式"和"文本"域中的"文本"单选按钮，输入"启动"字符，如图 2-4-12 所示。如果勾选"'ON'状态文本"复选框，可以分别设置按下和释放按钮时按钮上的文本。通常不勾选该复选框，按钮按下和释放时显示的文本相同。

在属性视图中单击"属性"→"文本"，打开"文本"属性页，可以定义按钮上文本的样式和对齐方式，如图 2-4-13 所示。

在属性视图中单击"属性"→"外观"，打开"外观"属性页，可以修改它的前景（文本）色和背景色，如图 2-4-14 所示。

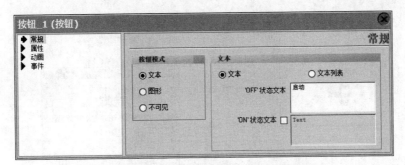

图 2 - 4 - 12　设置按钮的常规属性

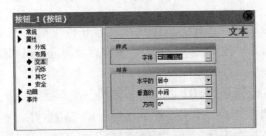

图 2 - 4 - 13　组态按钮的文本属性

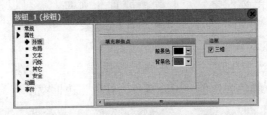

图 2 - 4 - 14　组态按钮的外观属性

3）设置按钮的功能。在属性视图中单击"事件"→"按下"，打开"函数列表"属性页，单击表中最上面一行右侧的▼按钮，然后单击"系统函数"→"编辑位"→"SetBit"，如图 2 - 4 - 15 所示。

图 2 - 4 - 15　设置按钮的功能

单击表中第 2 行右侧的▼按钮，弹出对话框，单击"启动按钮"并确认，如图 2 - 4 - 16 所示。在运行时按下该按钮，变量"启动按钮"将置位为"1"状态。

用同样的方法，在属性视图中单击"事件"→"释放"，设置释放按钮时系统函数为"ResetBit"，将变量"启动按钮"复位为"0"状态，即该按钮具有点动按钮的功能，按下按钮时变量"启动按钮"被置位，释放按钮时变量"启动按钮"被复位。

图 2-4-16　组态按钮按下时对应的函数及变量

可通过复制组态完成的启动按钮生成停止按钮，并将按钮上的文本更改为"停止"，与变量"停止按钮"关联起来。按照同样的方法，制作点动前进按钮和点动后退按钮的触摸键。

（2）组态指示灯

左行程开关 SQ1、右行程开关 SQ2 以及小车装料、小车前进、小车后退等动作需要在触摸屏上进行状态显示，即需要在触摸屏上组态指示灯。

1）生成指示灯。单击"工具"→"简单对象"→"圆"，将空心圆图标⬤拖放到画面上，松开鼠标左键，空心圆被放置在画面上。可以用鼠标调整空心圆的位置和大小。单击"工具"→"简单对象"→"文本域"，输入"SQ1"字符。

组态指示灯的方法

2）设置圆的属性。选中生成的圆，在属性视图中单击"属性"→"外观"，打开"外观"属性页面，设置边框颜色为黑色，填充颜色为红色，边框宽度为3，如图 2-4-17 所示。

图 2-4-17　设置圆的属性

设置动画功能，使指示灯在变量"左限位开关"为 0 和 1 时的背景色分别为红色和绿色，如图 2-4-18 所示。

图 2-4-18　组态指示灯外观动画

按照同样的方法，组态 SQ2、装料、小车前进、小车后退的图形指示灯。其中，小车前进和小车后退的箭头图形在图 2 - 4 - 19 所示的"工具"→"图形"→"WinCC flexible 图像文件夹"下。

图 2 - 4 - 19　小车前进和小车后退的箭头图形

为了更加形象直观地显示，对于小车前进和小车后退的箭头图形，可以在其动画视图的"可见性"属性页中勾选"启用"复选框，并单击"变量"右侧出现的 ▼ 按钮，选择变量"前进"，设置"对象状态"为"可见"，即小车前进或后退时相应箭头显示，小车停止前进或停止后退时相应箭头隐藏，如图 2 - 4 - 20 所示。

图 2 - 4 - 20　小车前进箭头图形的可见性设置

（3）组态 IO 域

IO 域有以下三种模式：

1）输出域。用于显示变量的数值。

2）输入域。用于操作员输入数字或字母，并将它们保存到指定的 PLC 的变量中。

组态 IO 域的
方法

3）输入/输出域。同时具有输入和输出功能，操作员可以用它来修改 PLC 中变量的数值，并将修改后 PLC 中的数值显示出来。

本任务中，需要完成循环次数的数值输入键属于输入域，已完成循环次数、装料时间、卸料时间的数值显示键属于输出域。

将工具箱中的 IO 域图标 **ab]** 拖放到画面上，选中生成的 IO 域。在属性视图中单击"常规"，打开"常规"属性页，设置"模式"为"输出"，"过程变量"为"装料时间"，"格式类型"为默认的"十进制"，"格式样式"为"99"（2 位整数），如图 2 - 4 - 21 所示。按照类似的方法完成 IO 域组态。

图 2 - 4 - 21　组态 IO 域

最后，输入文本"小车运料系统操作界面"，完整的触摸屏画面即组态完毕，如图 2 - 4 - 2 所示。

五、模拟调试

1. 建立通信

（1）硬件连接

1）使用以太网电缆将计算机、PLC 和触摸屏连接到交换机。

2）合上电源开关 QF1 和 QF2，接通交换机和触摸屏的 DC 24 V 电源以及 PLC 的供电电源。

（2）设置计算机和 PLC 的 IP 地址

将计算机和 PLC 的 IP 地址分别设置为 192.168.2.2 和 192.168.2.1。使用默认的子网掩码 255.255.255.0，无须设置网关的 IP 地址。

（3）用控制面板设置触摸屏的参数

1）启动触摸屏。接通触摸屏的直流电源后，触摸屏的屏幕点亮，几秒后显示进度条。启动后显示装载程序对话框，如图 2 - 4 - 22 所示。"Transfer"（传送）按钮用于将触摸屏切换为传送模式；"Start"（启动）按钮用于打开保存在触摸屏中的项目，显示初始画面；"Control Panel"（控制面板）按钮用于打开触摸屏的控制面板。启动时，如果触摸屏已经装载了项目，显示装载程序对话框并经过设置的延时时间后，将自动打开项目。

用控制面板
设置触摸屏
参数的方法

2）设置以太网端口的通信参数。触摸屏 Smart 700 IE V3 使用 Windows CE 操作系统，用控制面板设置触摸屏的各种参数。单击图 2 - 4 - 22 中的"Control Panel"，打开图 2 - 4 - 23 所示的触摸屏控制面板。

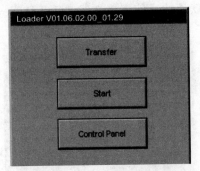

图2-4-22　装载程序对话框

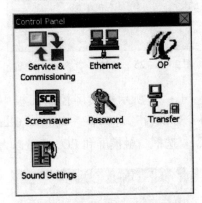

图2-4-23　触摸屏控制面板

双击触摸屏控制面板中的"Ethernet"图标，弹出"Ethernet Settings"（以太网设置）对话框。在"IP Address"属性页中，选中"Specify an IP address"（用户指定IP地址）单选按钮，在"IP address"文本框中输入IP地址192.168.2.3，"Subnet Mask"（子网掩码）是自动生成的。由于未使用网关，所以无须设置"Def. Gateway"（网关），如图2-4-24所示。

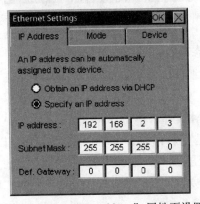

图2-4-24　"IP Address"属性页设置

单击"Mode"选项卡，勾选"Auto Negotiation"（自动协商）复选框，激活自动检测并设置以太网网络的连接模式和传输速率，同时激活自动交叉功能。使用"Speed"文本框默认的以太网传输速率 10 Mbit/s 和默认的通信连接方式 "Half-Duplex"（半双工），如图 2 – 4 – 25 所示。设置完成后单击 "OK" 进行保存。

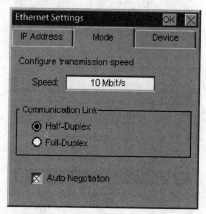

图 2 – 4 – 25 "Mode" 属性页设置

3）传输设置。双击图 2 – 4 – 23 所示触摸屏控制面板中的 "Transfer" 图标，打开图 2 – 4 – 26 所示的 "Transfer Settings" 对话框。勾选 "Channel 2" 项目中的 "Enable Channel" 和 "Remote Control" 复选框，触摸屏和 PLC 通过以太网进行通信。

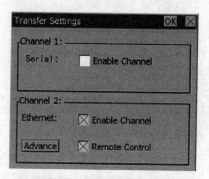

图 2 – 4 – 26 "Transfer Settings" 对话框

2. 下载梯形图程序和组态项目

（1）将梯形图程序下载到 CPU 模块。注意选中 "系统块"，因为系统块设置的参数必须在下载后才能生效。

（2）将组态项目下载到触摸屏。单击 WinCC flexible SMART V3 主界面工具栏中的按钮，弹出 "选择设备进行传送" 对话框，设置通信模式为 "以太网"，在 "计算机名或 IP 地址" 文本框中输入触摸屏的 IP 地址 192.168.2.3（注意不是计算机的 IP 地址 192.168.2.2），应与触摸屏控制面板和 WinCC flexible SMART V3 的 "连接" 编辑器中的设置相同，如图 2 – 4 – 27 所示。

单击 "传送"，系统会自动编译项目，若无编译错误和通信错误，该项目将被传送到触摸屏。触摸屏运行过程中，将会自动切换到传输模式，弹出 "Transfer" 对话框，显示下载进程。下载成功后，触摸屏自动返回运行状态并显示画面。

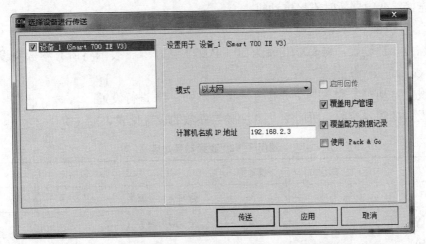

图 2 - 4 - 27　设置 WinCC flexible SMART V3 与触摸屏通信的参数

　　　　如果利用 S7 - 200 SMART CPU 集成的 RS - 485 端口与 Smart 700 IE V3 触摸屏实现通信，需要进行以下操作：

　　（1）在 Smart 700 IE V3 触摸屏的"Transfer Settings"对话框中勾选 "Channel 1"项目中的"Enable Channel"复选框。单击 WinCC flexible SMART V3 工具栏中的█按钮，设置 WinCC flexible SMART V3 与触摸屏的通信参数，将项目文件下载到触摸屏。

　　（2）将程序下载到 PLC。

　　（3）关闭 Smart 700 IE V3 触摸屏和 S7 - 200 SMART CPU 的电源，用 PC/PPI 或 USB/PPI 电缆连接它们的 RS - 485 通信端口。接通它们的电源，令 S7 - 200 SMART CPU 进入运行模式，PLC 和触摸屏就可以通信了。

3. 调试程序

按照 PLC 用户程序模拟调试的方法，利用程序状态监控或状态图表监控进行模拟调试。

在触摸屏上输入需要完成的循环次数数值，然后操作触摸屏上的触摸键以及 PLC 输入设备（急停按钮 SB 和限位开关 SQ1、SQ2），观察触摸屏的指示与 PLC 的输出是否符合控制要求，如不符合则应检查并修改触摸屏画面或 PLC 程序，直至符合控制要求为止。

模拟调试完毕，关断 QF1 和 QF2。

六、联机调试

1. 变频器调试

（1）连接变频器与 PLC。在 PLC 和变频器均断电的情况下，完成 PLC 输出端子与变频器端子的连接，变频器暂时不接电动机。

（2）合上 QF4，变频器通电。

（3）恢复出厂设置。将 P0010 设为 30，P0970 设为 21，表示将所有参数及设置复位至出厂默认状态。

（4）设置电动机参数。电动机参数按照表 2 - 3 - 16 进行设置。

（5）设置变频器参数。西门子 V20 变频器参数的设置见表 2 - 4 - 4。

表 2 - 4 - 4　　　　　　　　　　　　西门子 V20 变频器参数表

参数	工厂默认值	设置值	说明
P0003	1	3	访问级为专家级
P0700 [0]	1	2	命令源为端子
P0701 [0]	0	1	电动机运行/停止
P0702 [0]	0	16	固定频率选择器位 1
P0703 [0]	9	17	固定频率选择器位 2
P1000 [0]	1	3	固定频率
P1002 [0]	15	20	固定频率 1
P1003 [0]	25	- 30	固定频率 2
P1120 [0]	10	5	斜坡上升时间
P1121 [0]	10	5	斜坡下降时间

（6）合上 QF1 和 QF2，操作触摸屏上的触摸键和 PLC 输入设备（急停按钮 SB 和限位开关 SQ1、SQ2），观察触摸屏的指示、PLC 输出的指示以及变频器显示区域的指示是否符合控制要求，如不符合控制要求则应重新调试变频器，直至符合控制要求为止。

（7）关断 QF1、QF2 和 QF4。

2. 系统调试

（1）在断开 PLC 供电电源和输出电路电源的情况下，将接触器 KM 连接到 PLC 的输出端子 Q0.0，检查确保连接正确。

（2）在断开变频器电源的情况下，将电动机连接到变频器的 U、V、W、PE 端，检查确保连接正确。

（3）按照表 2 - 4 - 5 进行操作，观察系统运行情况并做好记录。

表 2 - 4 - 5　　　　　　　　　　程序调试步骤及运行情况记录表

步骤	操作内容	观察内容	观察结果
1	合上电源开关 QF1 ~ QF4	交换机 LED 指示灯、以太网状态指示灯、CPU 状态指示灯和 I/O 状态指示灯的状态	
2	通过编程软件，将 PLC 置于 RUN 模式		

续表

步骤	操作内容	观察内容	观察结果
3	在触摸屏上输入需完成次数"3"，触摸"启动"触摸键，启动电动机循环运转	（1）交换机 LED 指示灯、以太网状态指示灯和 CPU 状态指示灯的状态 （2）输出状态指示灯 Q0.0 和 Q0.4～Q0.6 的状态	
4	循环运转 3 次结束后，再重新启动电动机，在电动机运行过程中触摸"停止"触摸键	（3）触摸屏上的装料、SQ1、SQ2、前进、后退等位状态显示情况 （4）触摸屏上的装料时间、卸料时间、已完成次数等数值显示情况	
5	循环运转 3 次结束后，再重新启动电动机，在电动机运行过程中按下急停按钮 SB	（5）变频器上 LCD 显示的频率 （6）小车装料接触器 KM 及电动机实际运行情况	
6	触摸"点动前进"触摸键或"点动后退"触摸键（配合手动操作行程开关 SQ1 和 SQ2）	（1）交换机 LED 指示灯、以太网状态指示灯和 CPU 状态指示灯的状态 （2）输出状态指示灯 Q0.4～Q0.6 的状态 （3）触摸屏上的 SQ1、SQ2、前进、后退等位状态显示情况 （4）变频器上 LCD 显示的频率 （5）电动机实际运行情况	
7	通过编程软件，将 PLC 置于 STOP 模式	交换机 LED 指示灯、以太网状态指示灯、CPU 状态指示灯和 I/O 状态指示灯的状态	
8	关断电源开关 QF1～QF4		

PLC 控制系统的设计水平直接影响着产品的质量和企业的生产效率。扫描右侧二维码，可了解 PLC 控制系统设计的基本原则、主要内容以及 PLC 控制系统的设计与调试步骤。

📝 **任务测评**

清扫工作台面，整理技术文件，并参考表 1 - 1 - 7 进行任务测评。

任务5 基于 PLC 的炉温控制系统

学习目标

1. 掌握编程元件 AI/AQ 的功能和使用方法。
2. 掌握模拟量模块的接线、硬件组态和编程方法。
3. 掌握温度传感器、温度变送器的工作原理和接线方法。
4. 能完成基于 PLC 的炉温控制系统的设计、安装和调试。

任务引入

温度控制系统是一种用于监测和自动调节温度的系统，它能根据测量的温度值进行相应的控制，从而保持目标温度。温度控制系统广泛应用于工业、医疗、农业等领域。典型的温度控制系统主要由传感器、控制器和执行器三部分组成。其中，传感器用于检测温度并将其转化为电信号；控制器负责接收传感器发送的信号，并据此控制执行器的操作，使温度保持稳定；执行器通常是加热器、制冷器等设备，执行控制器发出的指令。温度控制系统的工作原理基于反馈控制思想，系统通过温度传感器不断地测量当前实际温度，将其与预设温度进行比较。如果存在温度偏差，控制器将自动调节执行器的操作，使温度趋向于预设温度值。

本任务要求使用 S7 – 200 SMART PLC 作为控制器，实现电加热炉的温度控制，完成炉温控制系统的设计、安装和调试。控制要求如下：

1. 炉温控制系统（见图 2 – 5 – 1）由一组 3 kW 的电加热器进行加热，要求将温度控制在 30 ~ 70 ℃，炉内温度由一温度传感器进行检测。按下启动按钮启动系统后，当炉内温度低于 30 ℃时，电加热器启动加热；当炉内温度高于 70 ℃时，电加热器停止加热。系统要求炉温为 30 ~ 70 ℃时绿灯亮，低于 30 ℃时黄灯亮，高于 70 ℃时红灯亮。按下停止按钮，电加热器停止加热，同时黄灯、绿灯或红灯熄灭。

2. 具有短路保护等必要的保护措施。

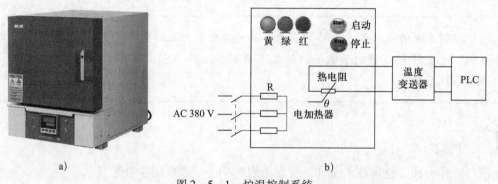

图 2 – 5 – 1　炉温控制系统
a）电加热炉　b）炉温控制系统示意图

模拟量是指在时间和数值上都连续的物理量。模拟量可作为 PLC 的输入或输出，通过传感器或控制设备对控制系统的压力、温度、流量、转速等进行检测和控制。

温度是工业生产对象主要的被控参数之一，可以通过温度传感器来测量。使用 PLC 作为控制器实现炉温控制时，需要使用温度变送器将温度传感器输出的模拟量转换为标准量程的直流电流或电压信号，然后通过 PLC 的模拟量输入模块将标准量程的直流电流或电压信号转换为 PLC 能够直接处理的数字量，最后根据 PLC 的运算结果自动控制电加热器的运行，从而实现炉温的自动控制。

实施本任务所使用的实训设备可参考表 2 – 5 – 1。

表 2-5-1 实训设备清单

序号	设备名称	型号及规格	数量	单位	备注
1	微型计算机	装有 STEP 7 – Micro/WIN SMART 软件	1	台	
2	编程电缆	以太网电缆或 USB – PPI 电缆	1	条	
3	可编程序控制器	S7 – 200 SMART CPU ST60	1	台	配 C45 导轨
4	模拟量输入模块	西门子 EM AE04	1	台	配 I/O 扩展电缆
5	开关式稳压电源	S – 150 – 24，AC 220 V/DC 24 V，150 W	1	台	
6	热电阻	Pt100 铂热电阻	1	个	
7	温度变送器	Pt100 温度变送器，0 ~ 10 V	1	个	
8	低压断路器	Multi9 C65N C20，单极	3	个	
9	低压断路器	Multi9 C65N D20，三极	1	个	
10	按钮	LA10 – 2H	1	个	
11	熔断器	RT28 – 32/20	3	个	
12	交流接触器	CJX2 – 1211，线圈 AC 220 V	1	个	
13	指示灯	ND16 – 22DS/2，DC 24 V	3	个	红、黄、绿各 1 个
14	接线端子排	TB – 1520，20 位	1	条	
15	配电盘	600 mm × 900 mm	1	块	
16	电阻炉	三相，3 kW	1	台	

相关知识

一、模拟量输入/输出继电器

1. 模拟量输入继电器

模拟量输入继电器（AI）即模拟量过程映像输入寄存器，它是 S7 – 200 SMART PLC 为模拟量输入端信号设置的一个存储区。S7 – 200 SMART PLC 将测得的模拟量值转换为一个字长度（16 位）的数字值，可以通过区域标识符（AI）、数据大小（W）以及起始字节地址访问这些值。由于模拟量输入为字，并且总是从偶数字节地址（如 0、2、4）开始，所以必须使用偶数字节地址（如 AIW0、AIW2、AIW4）访问这些值。模拟量输入值为只读值。

2. 模拟量输出继电器

模拟量输出继电器（AQ）即模拟量过程映像输出寄存器，它是 S7 – 200 SMART PLC 为模拟量输出端信号设置的一个存储区。S7 – 200 SMART PLC 将一个字长度（16 位）的数字值按比例转换为电流或电压。可以通过区域标识符（AQ）、数据大小（W）以及起始字节地址写入这些值。由于模拟量输出为字，并且总是从偶数字节地址（如 0、2、4）开始，所以必须使用偶数字节地址（如 AQW0、AQW2、AQW4）写入这些值。模拟量输出值为只写值。

二、模拟量模块

在工业控制中，某些输入量是模拟量，某些执行机构要求 PLC 输出模拟量信号，而

PLC 的 CPU 只能处理数字量 0 和 1 两种信号。PLC 要对模拟量进行处理，就要使用模拟量模块。S7 – 200 SMART 模拟量模块包括模拟量输入模块、模拟量输出模块和模拟量输入/输出模块，如图 2 – 5 – 2 所示。

a)   b)   c)

图 2 – 5 – 2   S7 – 200 SMART 模拟量模块

a）模拟量输入模块   b）模拟量输出模块   c）模拟量输入/输出模块

　　模拟量先被传感器和变送器转换为标准量程的直流电流或电压（如 4 ~ 20 mA、0 ~ 5 V、0 ~ 10 V），然后通过模拟量输入模块的 A/D 转换器将标准量程的直流电流或电压转换为数字量，再输入 PLC 的 CPU。带正、负号的电流或电压在 A/D 转换后用二进制补码表示。模拟量输出模块的 D/A 转换器能将 PLC 的 CPU 中的数字量转换为模拟量电流或电压，再去控制电动调节阀、变频器等执行机构。A/D 转换器和 D/A 转换器的二进制位数反映了它们的分辨率，位数越多，分辨率越高。模拟量模块的另外一个重要指标是转换时间。

1. 模拟量模块的技术参数

　　S7 – 200 SMART 模拟量模块的技术参数见表 2 – 5 – 2。型号中"EM"表示扩展模块，"A"表示模拟量，"E"表示输入，"Q"表示输出，"M"表示输入/输出组合，"R"表示热电阻，"T"表示热电偶，数字 02、03、04、08 等表示通道数。例如，型号 EM AM06 表示模拟量输入/输出模块有 6 个通道，包含 4 个模拟量输入通道（0、1、2、3）和 2 个模拟量输出通道（0、1）。

表 2 – 5 – 2　　　　　　　　　S7 – 200 SMART 模拟量模块的技术参数

类型	型号	通道数	量程	分辨率	量程范围（数据字）
模拟量输入模块	EM AE04	4 AI	电流输入：0 ~ 20 mA 电压输入：± 10 V、± 5 V、± 2.5 V	电流模式：12 位 电压模式：12 位 + 符号位	电流：0 ~ 27 648 电压：– 27 648 ~ + 27 648 电阻：0 ~ 27 648
	EM AE08	8 AI	电流输入：0 ~ 20 mA 电压输入：± 10 V、± 5 V、± 2.5 V		
	EM AR02	2 AI	电阻输入：0 ~ 48/150/300/600/3 000 Ω	电阻模式：15 位 + 符号位	
	EM AR04	4 AI	电阻输入：0 ~ 48/150/300/600/3 000 Ω		
	EM AT04	4 AI	电压输入：± 80 V	电压模式：15 位 + 符号位	

续表

类型	型号	通道数	量程	分辨率	量程范围（数据字）
模拟量 输出模块	EM AQ02	2AQ	电流输入：0~20 mA 电压输入：±10 V	电流模式： 11 位 电压模式： 11 位 + 符号位	
	EM AQ04	4AQ	电流输入：0~20 mA 电压输入：±10 V		
模拟量 输入/输出模块	EM AM03	2AI	电流输入：0~20 mA 电压输入：±10 V、±5 V、 ±2.5 V	电流模式： 12 位 电压模式： 12 位 + 符号位	
		1AQ	电流输入：0~20 mA 电压输入：±10 V		
	EM AM06	4AI	电流输入：0~20 mA 电压输入：±10 V、±5 V、 ±2.5 V		
		2AQ	电流输入：0~20 mA 电压输入：±10 V		

2. 模拟量模块的地址分配

用系统块组态硬件时，STEP 7 – Micro/WIN SMART 自动分配各 I/O 模块和信号板的地址，使用者不需要记忆各 I/O 模块的起始地址，使用时打开"系统块"便可知晓。S7 – 200 SMART 信号板和模拟量模块的起始 I/O 地址见表 2 – 5 – 3。

表 2 – 5 – 3　　　　　S7 – 200 SMART 信号板和模拟量模块的起始 I/O 地址

信号板	扩展模块 0	扩展模块 1	扩展模块 2	扩展模块 3	扩展模块 4	扩展模块 5
AIW12 AQW12	AIW16 AQW16	AIW32 AQW32	AIW48 AQW48	AIW64 AQW64	AIW80 AQW80	AIW96 AQW96

若模拟量输入/输出模块 EM AM06 安装在扩展模块 3 号插槽上，前面无任何模拟量扩展模块，则模拟量输入地址为 AIW64、AIW66、AIW68 和 AIW70，模拟量输出地址为 AQW64 和 AQW66，即同一个模拟量模块安装的插槽号不同，其起始地址也不相同，且地址被固定。

3. 模拟量的读写

如果在扩展模块 0 号插槽上安装模拟量输入/输出模块 EM AM06，当从该组合模块的通道 2 读取直流电压或电流信号时，可编写图 2 – 5 – 3 所示程序。

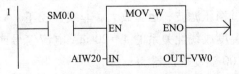

图 2 – 5 – 3　读取模拟量输入信号

将直流电压或电流信号从该组合模块的通道 1 写入时，可编写图 2-5-4 所示程序。

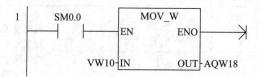

图 2-5-4　写入模拟量输出信号

三、温度传感器和温度变送器

1. 温度传感器

温度传感器是一种能将温度转换为可用输出信号的传感器。根据传感器材料及电子元件特性的不同，温度传感器分为热电偶和热电阻两类，如图 2-5-5 所示。

a)　　　　　　　　　　　　　b)

图 2-5-5　热电偶和热电阻传感器

a）热电偶传感器　　b）热电阻传感器

热电偶是温度测量仪表中常用的测温元件，它直接测量温度并将温度信号转换为热电动势信号。当两种不同的导体或半导体 A 和 B 组成一个回路，其两端相互连接时，只要两结点处的温度不同，回路中将产生一个电动势，该电动势的方向和大小与导体的材料及两接点的温度有关。这种现象称为热电效应，两种导体组成的回路称为热电偶，热电偶产生的热电动势只随测量端温度的变化而变化，因此测量热电动势即可达到测温的目的。

热电阻是中低温区最常用的一种温度检测器。热电阻测温是基于金属导体的电阻阻值随温度的增加而增大这一特性进行的。它的主要特点是测量精度高，性能稳定。热电阻大多由纯金属材料制成，应用最多的是铂和铜，其中铂热电阻的测量精度是最高的。铂热电阻 Pt100 表示该温度传感器在 0 ℃时的电阻为 100 Ω。

2. 温度变送器

温度变送器是一种将反映温度变化的电信号（电动势或电阻阻值）转换为标准量程的电流或电压信号的变送器。温度变送器采用热电偶、热电阻作为测温元件，从测温元件输出信号送到变送器模块，经过稳压滤波、运算放大、非线性校正、V/I 转换、恒流、反向保护等电路处理后，转换为与温度成线性关系的 4 ~ 20 mA 电流信号或 0 ~ 5 V/0 ~ 10 V 电压信号。图 2-5-6 所示为 Pt100 温度变送器。

a)   b)   c)

图 2 - 5 - 6 Pt100 温度变送器

a) 4 ~ 20 mA 输出型 b) 0 ~ 5 V 输出型 c) 0 ~ 10 V 输出型

在工业生产中，通常用闭环控制方式来控制压力、温度等连续变化的模拟量，使用最多的是 PID 控制（即比例 - 积分 - 微分控制）。S7 - 200 SMART PLC 的 PID 指令可以很方便地实现 PID 运算。扫描右侧二维码，可了解 PID 指令的功能、表示形式和使用方法。

任务实施

一、I/O 地址分配

I/O 地址分配见表 2 - 5 - 4。

表 2 - 5 - 4 I/O 地址分配表

输入		输出	
输入设备	输入继电器	输出设备	输出继电器
启动按钮 SB1	I0.0	电加热器接触器 KM	Q0.0
停止按钮 SB2	I0.1	绿灯 HL1	Q0.4
		黄灯 HL2	Q0.5
		红灯 HL3	Q0.6

二、绘制并安装 PLC 控制线路

本任务采用 CPU SR60 模块、模拟量输入模块 EM AE04、Pt100 铂热电阻、Pt100 温度变送器、三相电阻炉等构成炉温控制系统，PLC 控制线路原理图如图 2 - 5 - 7 所示，PLC 控制线路接线图请读者自行绘制。安装时，Pt100 铂热电阻和温度变送器暂时不接到模拟量输入模块的输入端，接触器 KM、绿灯 HL1、黄灯 HL2 及红灯 HL3 暂时不接到 CPU 模块的输出端，待模拟调试完成后再连接。

温度变送器和模拟量输入模块的接线方法

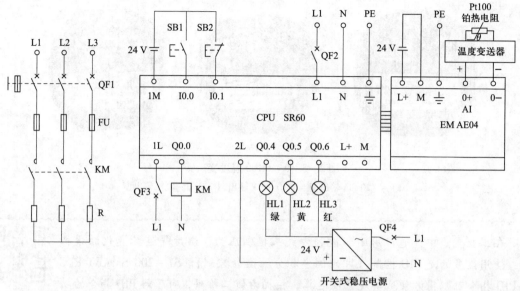

图 2 – 5 – 7 炉温系统 PLC 控制线路原理图

模拟量模块通过专用的插针接头与 CPU 模块通信，并通过此电缆由 CPU 模块向模拟量模块提供 DC 5 V 的电源。此外，模拟量模块必须外接 DC 24 V 电源。扫描右侧二维码，可了解模拟量模块和温度变送器的接线方法及扩展模块与本机通信的标识方法。

三、设计梯形图程序

1. 组态硬件

在图 2 – 5 – 8 所示的"系统块"对话框中，CPU 模块选择 CPU SR60（AC/DC/Relay），CPU 版本根据实际使用的 CPU 模块进行选择，EM 模块选择 EM AE04（4AI），系统自动分配 AIW16、AIW18、AIW20 和 AIW22 四个模拟量输入地址，对应模拟量输入通道 0 ~ 3。单击"EM AE04（4AI）"单元格，单击对话框左边的"模组参数"，设置启用用户电源报警。

模拟量模块的硬件组态方法

图 2 – 5 – 8 设置启用用户电源报警

单击"模拟量输入"→"通道0",设置模拟量输入信号的类型、测量范围、干扰抑制频率以及是否启用超出上限/下限报警等参数,如图 2-5-9 所示。

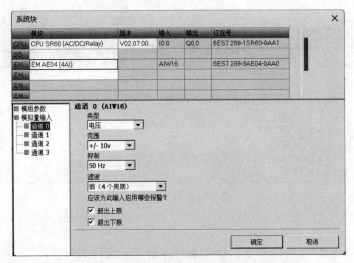

图 2-5-9 模拟量输入通道 0 的组态

本任务中,模拟量输入通道 0 的信号类型选择"电压",测量范围选择"$+/-10$ V",对应的数字量输出范围为 $-27\ 648 \sim +27\ 648$。温度变送器输入的 0~10 V 的电压信号通过模拟量输入模块的 A/D 转换器转换为 0~27 648。根据图 2-5-10 所示的温度传感器和模拟量输入模块的转换特性可知,当温度为 30℃ 时,对应的数字量为 8 294;当温度为 70℃ 时,对应的数字量为 19 354。

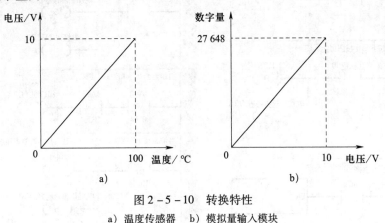

图 2-5-10 转换特性
a) 温度传感器 b) 模拟量输入模块

S7-200 SMART 模拟量模块对于模拟量输入/输出信号类型及量程的选择都是通过编程软件 STEP 7-Micro/WIN SMART 来完成的。与 S7-200 模拟量模块依靠 DIP 开关切换信号类型和量程、用增益和偏移量电位器调节测量范围相比,更加便捷。扫描右侧二维码,可了解模拟量模块的组态方法。

2. 编辑符号表

符号表如图 2 – 5 – 11 所示。

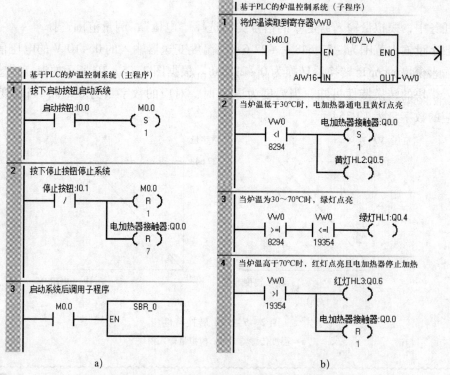

图 2 – 5 – 11　符号表

3. 编写程序

梯形图程序如图 2 – 5 – 12 所示，语句表程序请读者自行编写。

图 2 – 5 – 12　炉温系统 PLC 控制梯形图程序

a）主程序　b）子程序

四、模拟调试

按照 PLC 用户程序模拟调试的方法，利用程序状态监控或状态图表监控的方法模拟调试程序。

例如，启动系统后，右击程序中的地址 AIW16，在弹出的快捷菜单中单击"强制"，在"数值"中输入不同的数值，然后单击"强制"（或在状态图表中，在"AIW16"行和"新值"列确定的单元格中输入不同的数值，然后单击"强制"），观察输出继电器 Q0.0 和 Q0.4 ~ Q0.6 的亮灭情况。如果符合控制要求，则说明程序编写正确。

五、联机调试

模拟调试成功后，接上 Pt100 铂热电阻、Pt100 温度变送器及实际的负载，按照表 2 - 5 - 5 的步骤进行联机调试，同时注意观察和记录。也可以在模拟量输入模块的通道 0 中接入 0 ~ 10 V 可调的直流电压信号，来替代 Pt100 铂热电阻和 Pt100 温度变送器。调节输入的直流电压信号，观察接触器和电加热器的通断及 3 个指示灯的亮灭情况。

表 2 - 5 - 5　　　　　　　　　　　　　联机调试记录表

步骤	操作内容	观察内容	观察结果
1	合上电源开关 QF1 ~ QF4	以太网状态指示灯、CPU 状态指示灯和 I/O 状态指示灯的状态 模拟量输入模块的 DIAG 指示灯和 AI 状态指示灯的状态	
2	通过编程软件，将 PLC 置于 RUN 模式		
3	按下启动按钮 SB1，控制炉温低于 30 ℃	I/O 状态指示灯的状态、接触器 KM 和电加热器的工作情况及指示灯 HL1 ~ HL3 的亮灭情况 模拟量输入模块的 DIAG 指示灯和 AI 状态指示灯的状态	
4	控制炉温为 30 ~ 70 ℃		
5	控制炉温高于 70 ℃		
6	按下启动按钮 SB1 后，任意时刻按下停止按钮 SB2		
7	通过编程软件，将 PLC 置于 STOP 模式	CPU 状态指示灯和 I/O 状态指示灯的状态 模拟量输入模块的 DIAG 指示灯和 AI 状态指示灯的状态	
8	关断电源开关 QF1 ~ QF4		

任务测评

清扫工作台面，整理技术文件，并参考表 1 - 1 - 7 进行任务测评。

附　录

编程元件和指令索引

课题/任务	编程指令	编程元件
课题一　功能指令应用		
任务 1　抢答器 PLC 控制	1. 传送指令 MOV 2. 段码指令 SEG 3. 编码指令 ENCO 4. 解码指令 DECO	
任务 2　密码锁 PLC 控制	1. 比较指令 2. 递增/递减指令	累加器 AC
任务 3　跑马灯 PLC 控制	1. 左/右移位指令 2. 循环左/右移位指令 3. 表格指令 4. 移位寄存器位指令	
任务 4　停车场空车位数码显示 PLC 控制	1. 算术运算指令 2. BCD 码转换指令 3. 数据类型转换指令 4. 时钟指令	
任务 5　闪烁灯闪烁频率 PLC 控制	1. 跳转/标号指令（JMP/LBL） 2. 子程序指令 3. FOR/NEXT 循环指令	局部存储器 L
任务 6　两台水泵交替工作 PLC 控制	1. 逻辑运算指令 2. 中断指令 3. 立即置位指令 SI 4. 立即复位指令 RI 5. 开始间隔时间指令 BITIM 6. 计算间隔时间指令 CITIM	
任务 7　箱体包装工序 PLC 控制	1. 高速计数器定义指令 HDEF 2. 高速计数器执行指令 HSC	
课题二　PLC 综合应用技术		
任务 1　步进电动机 PLC 控制	脉冲输出指令 PLS	

续表

课题/任务	编程指令	编程元件
任务 2 两台 PLC 之间的以太网通信	1. 发送指令 XMT 2. 接收指令 RCV 3. Modbus RTU 主站指令 4. Modbus RTU 从站指令 5. 网络读指令 GET 6. 网络写指令 PUT	
任务 3 PLC 与变频器控制电动机多段速度运行	USS 指令	
任务 4 PLC、触摸屏与变频器联机的小车运料控制		
任务 5 基于 PLC 的炉温控制系统	PID 指令	模拟量输入继电器 AI 模拟量输出继电器 AQ